U0320961

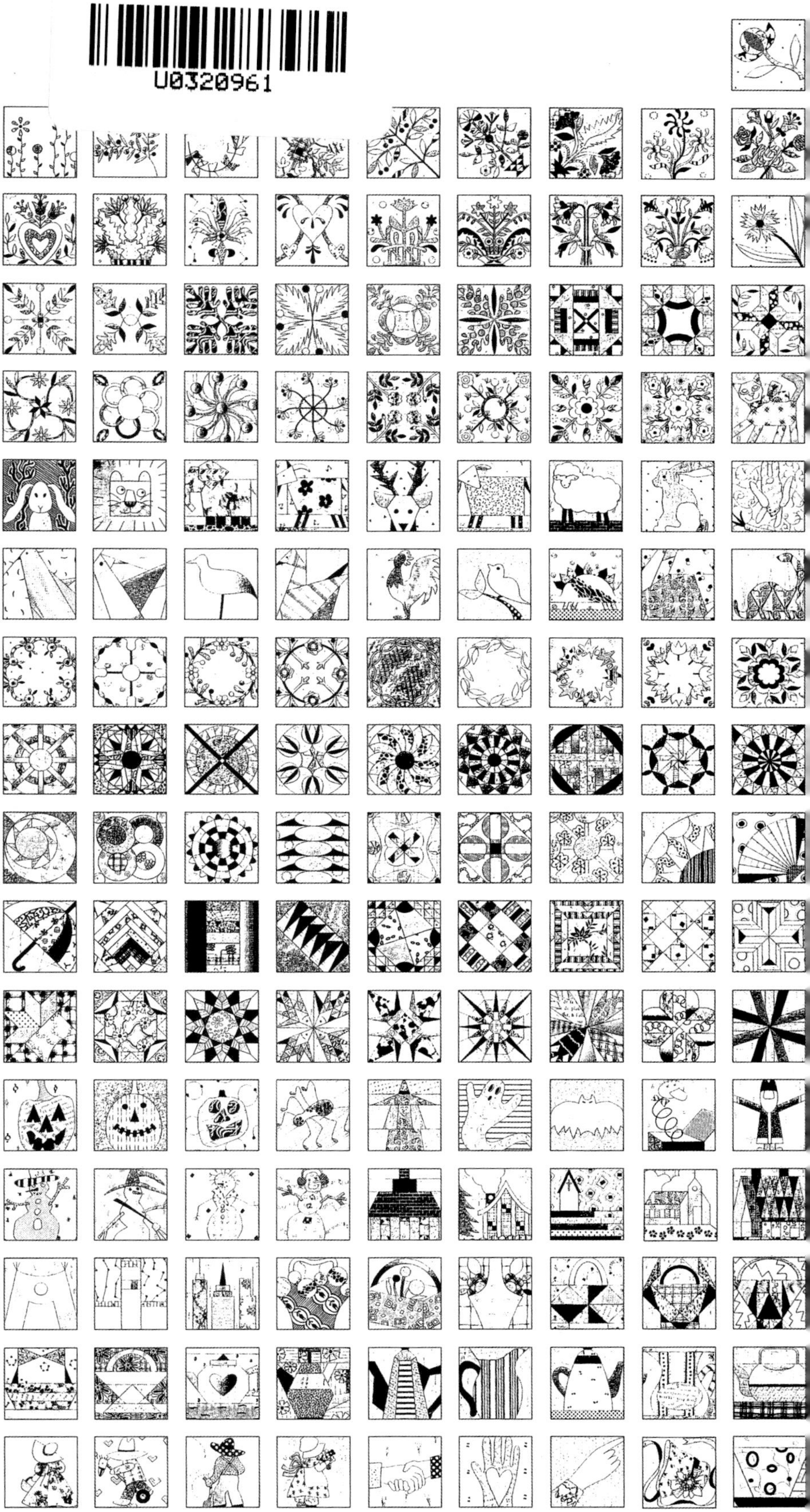

本作品曾作为1998年6月在日本东京国际广场举办的“国际拼布博览会”的象征性拼布悬挂在会场入口处。这幅长6m、宽4m的巨大拼布作品，正反两面全部使用日本布，集300人之力量，耗时1年多制作完成。本书从这一作品的众多图谱中精选了303幅，以飨读者。

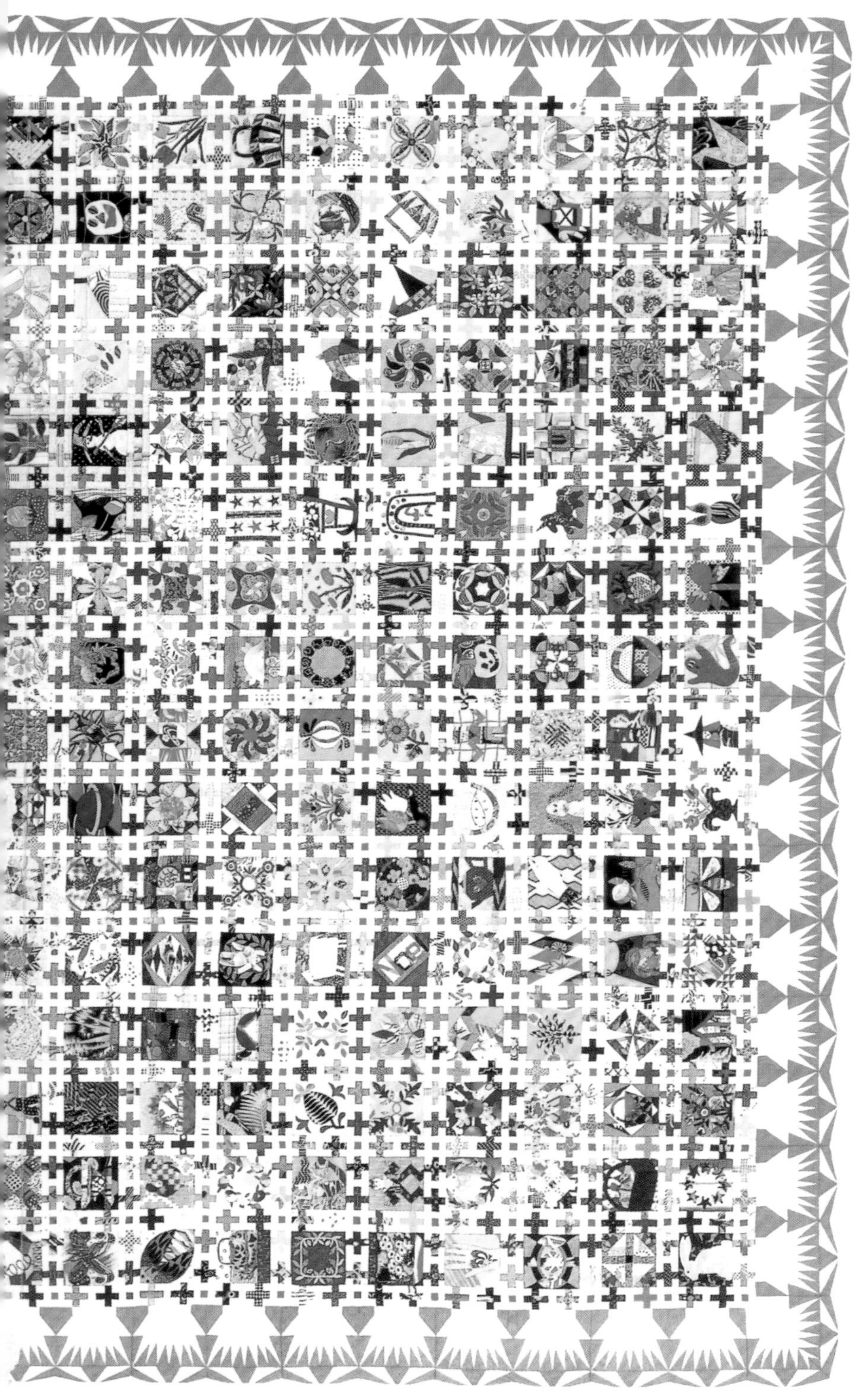

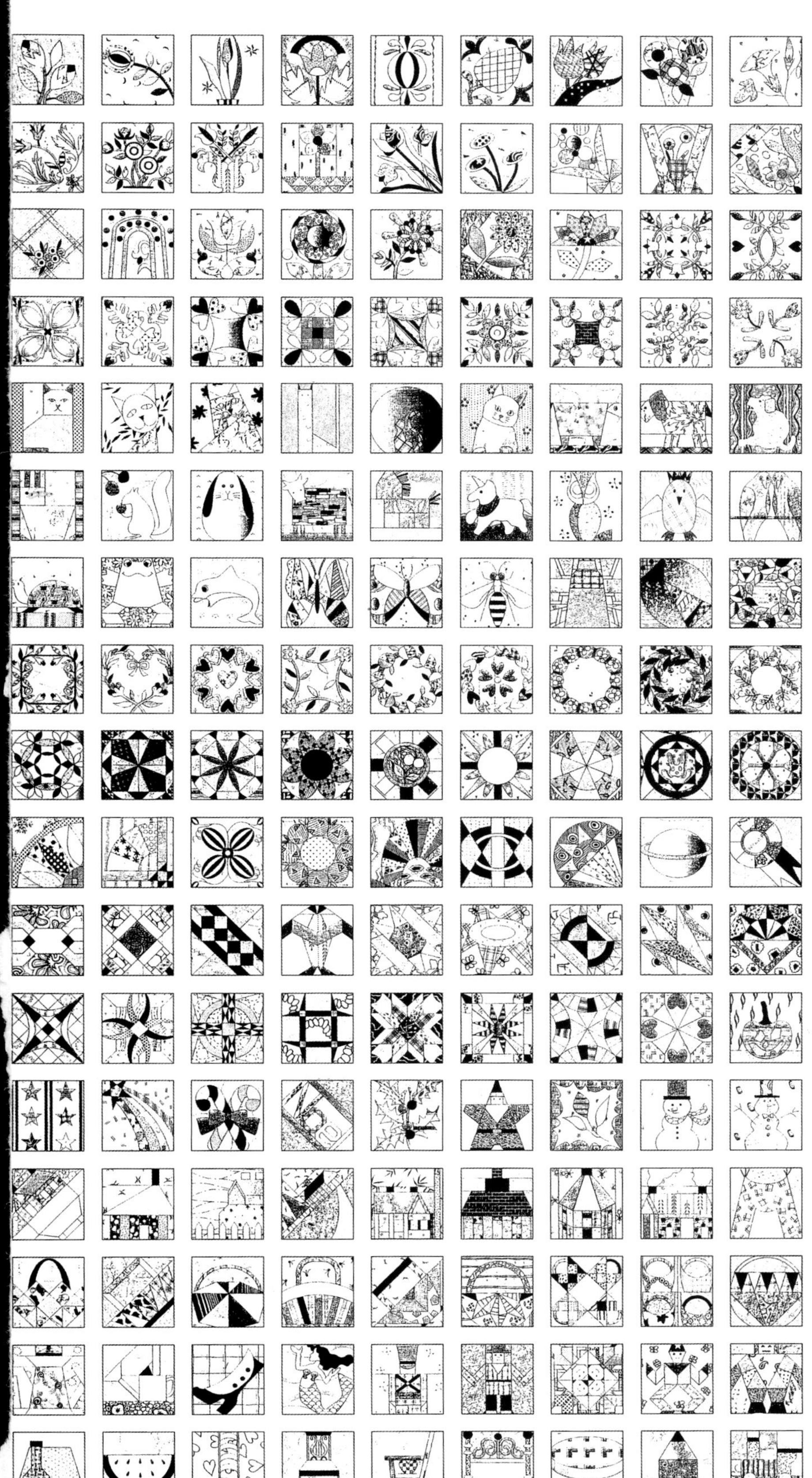

Contents

目录

图谱全部为15cm × 15cm

Symbol Quilt

象征性拼布

制作　野原雅克

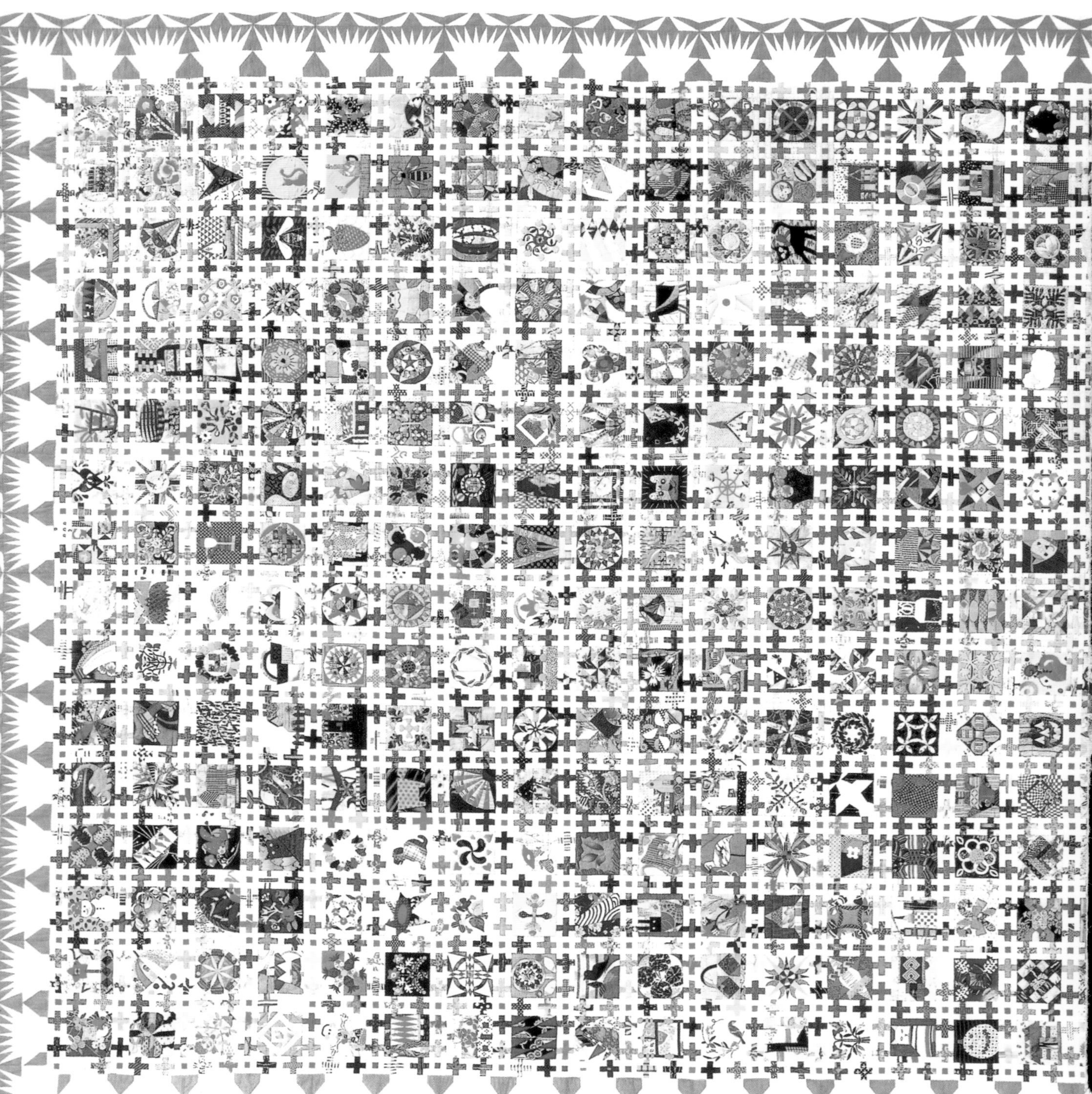

花·叶

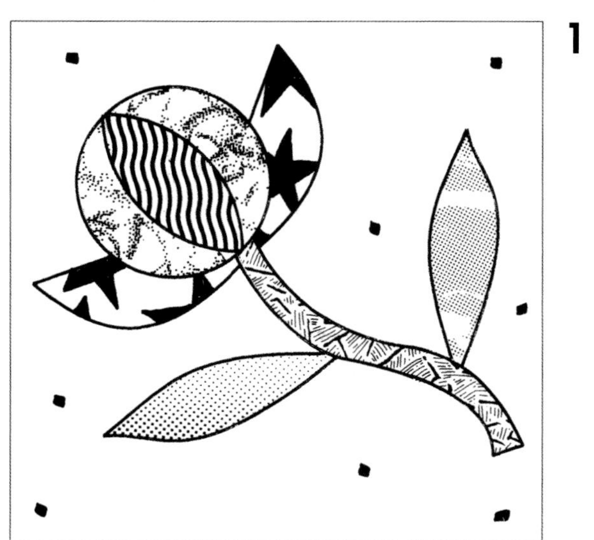

1

2

3

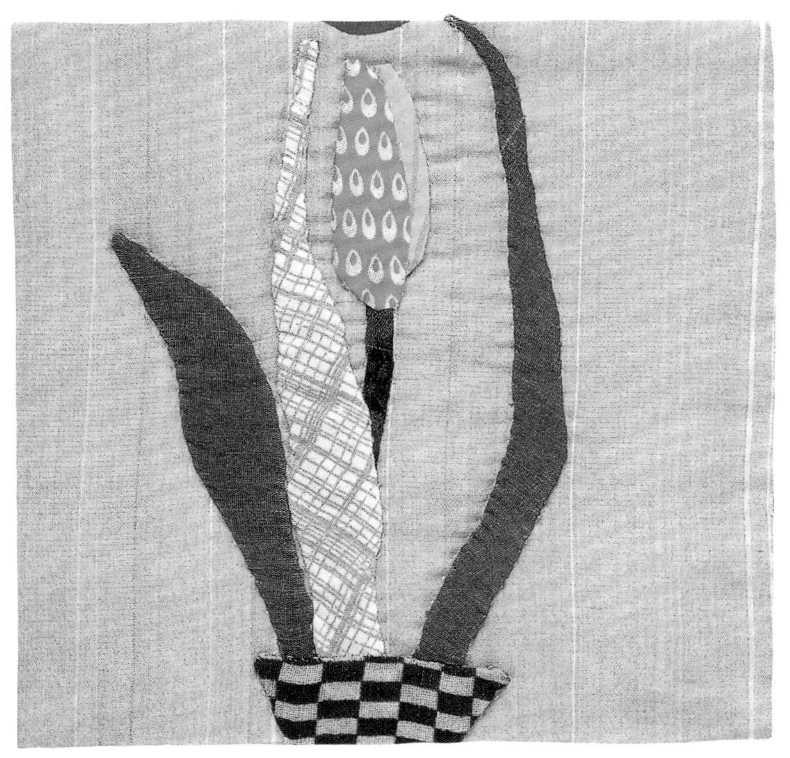

4

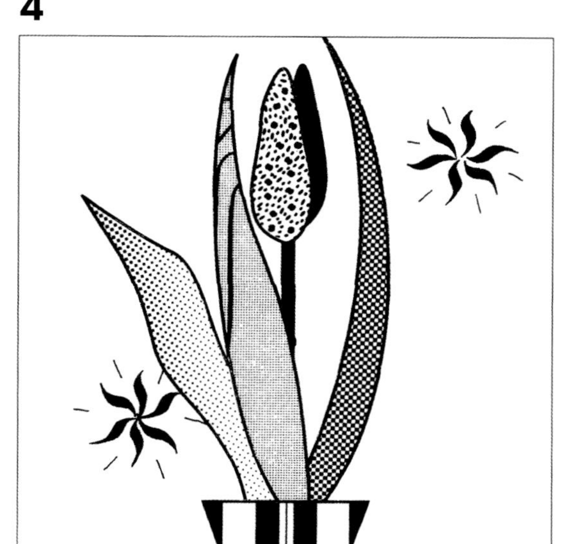

5

6

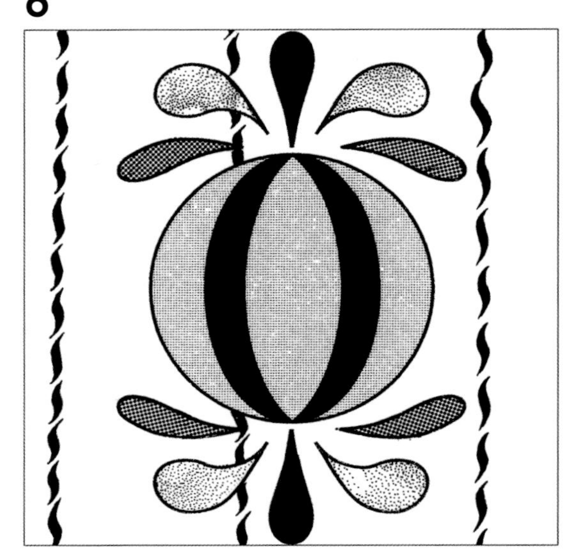

7

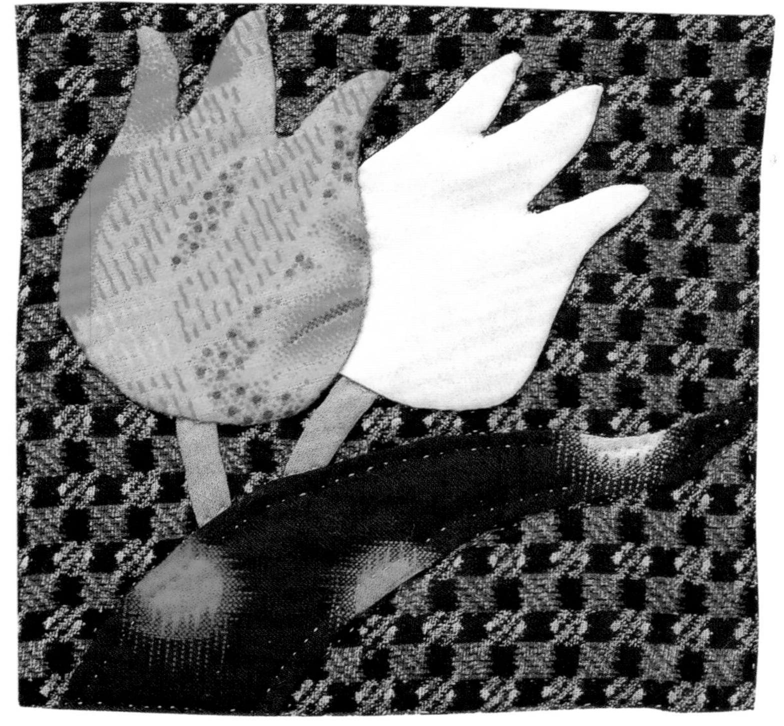

8

9

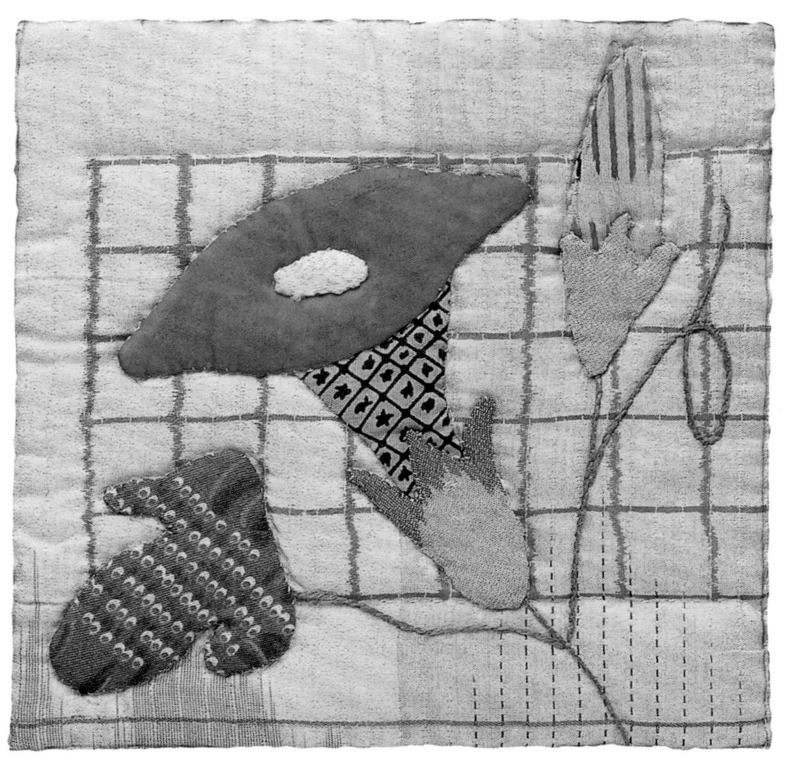

10

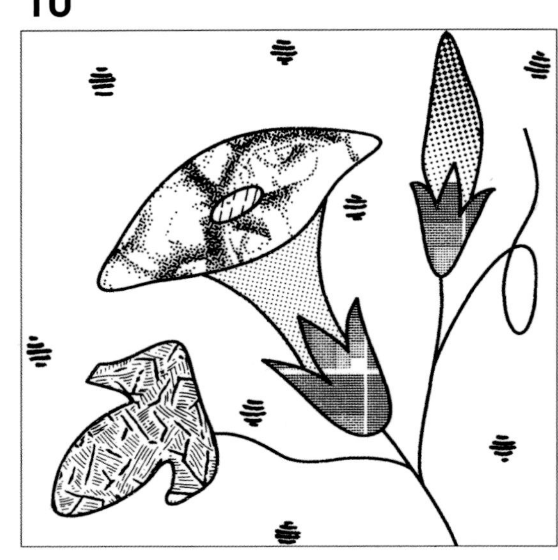

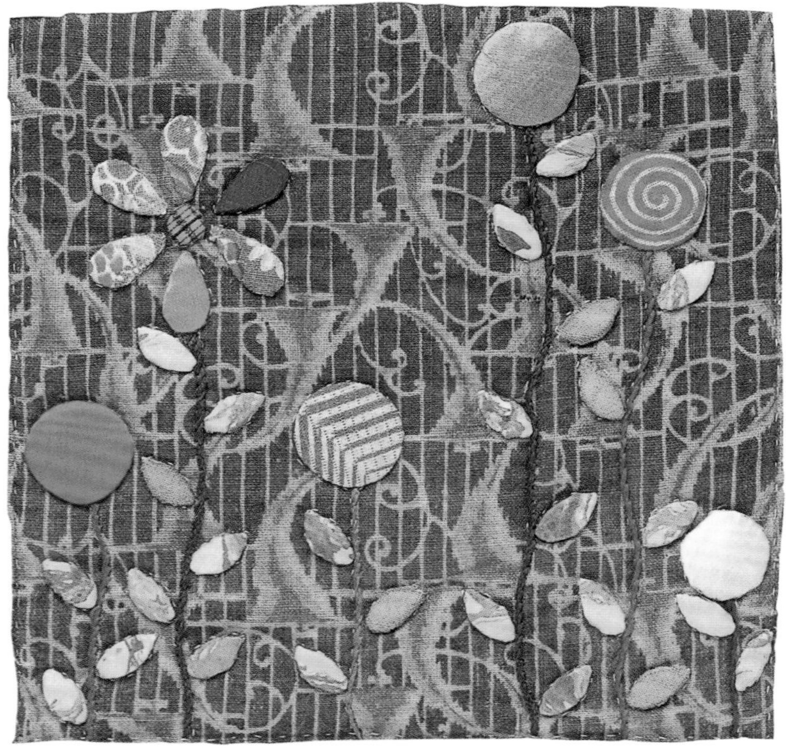

11

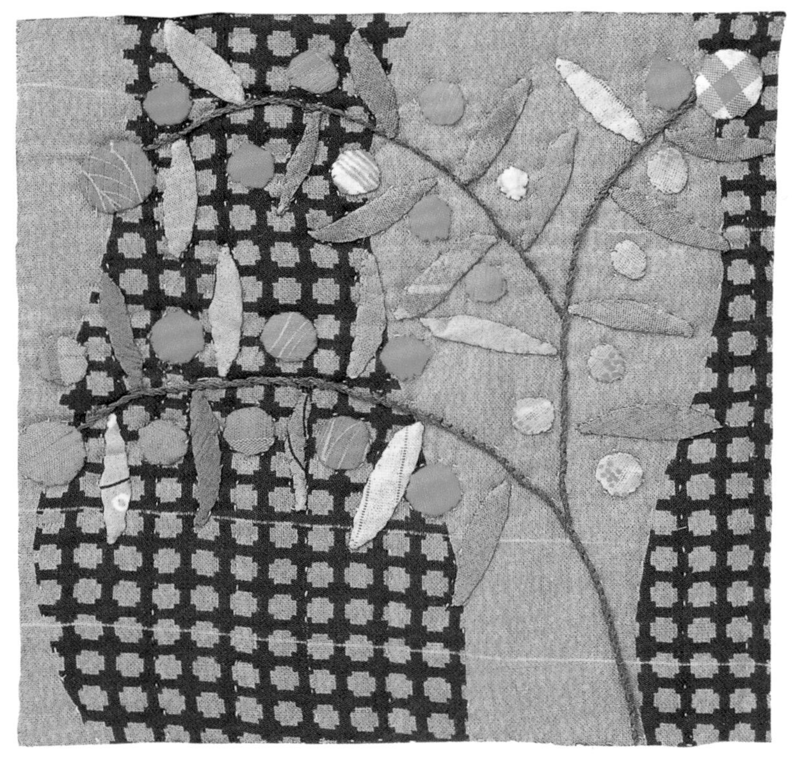

12

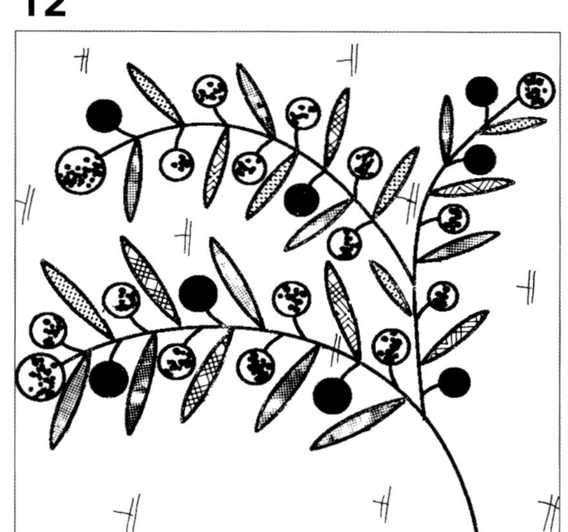

13

14

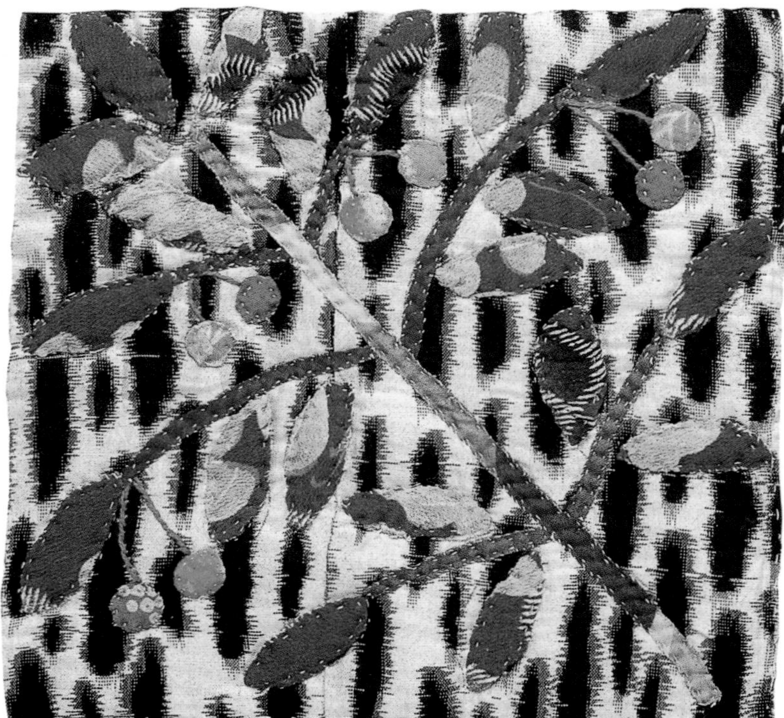

15

16

17

18

19

20

21

22

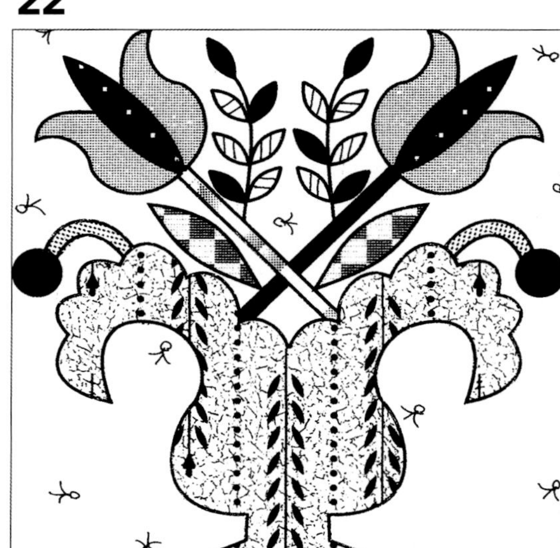

23

24

25

26

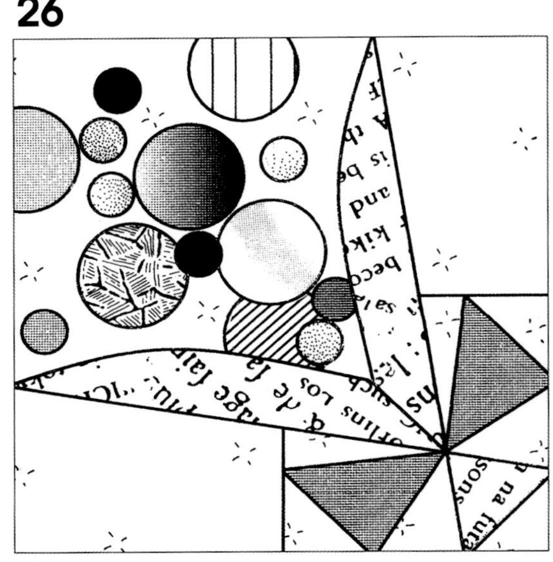

27

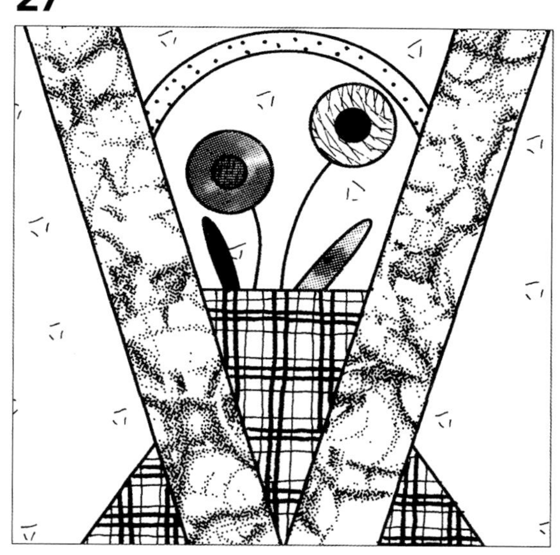

28

29

30

31

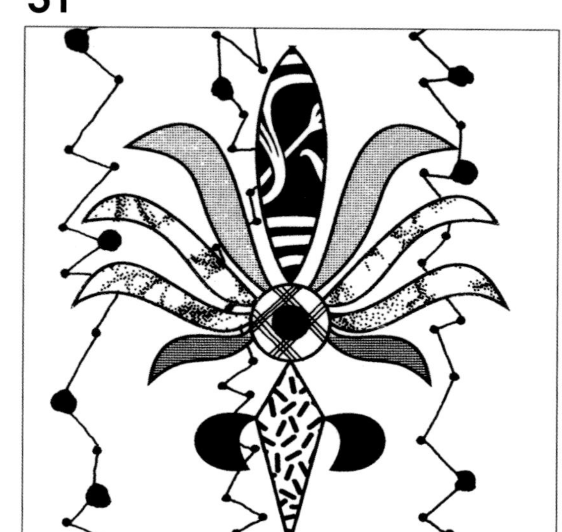

32

33

34

35

36

37

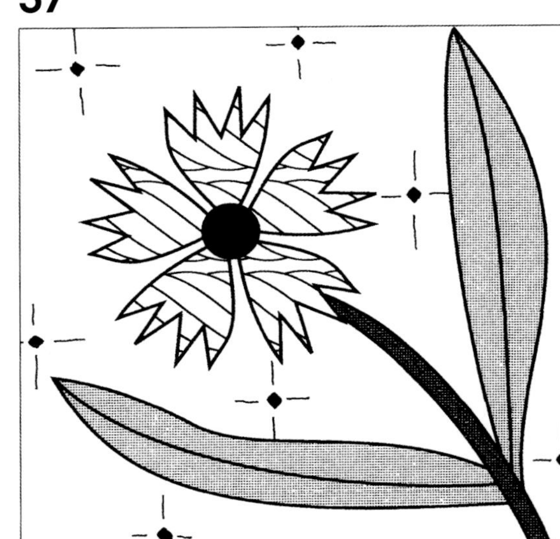

38

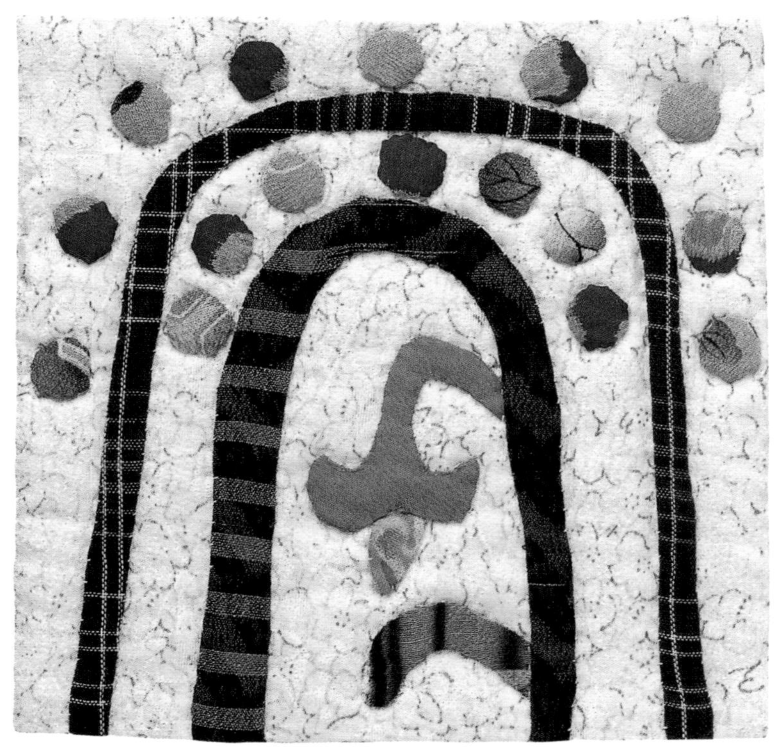

39

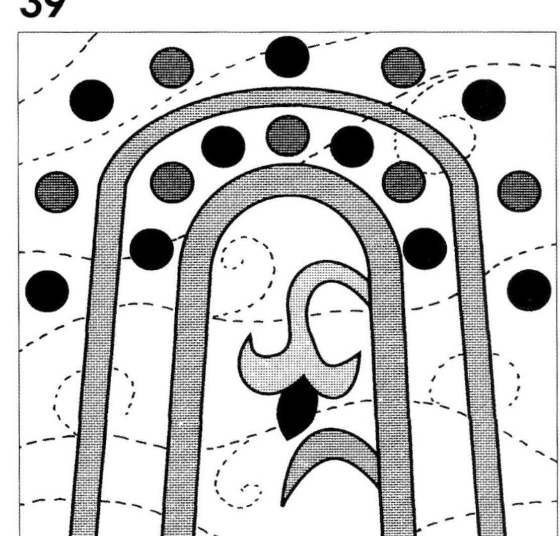

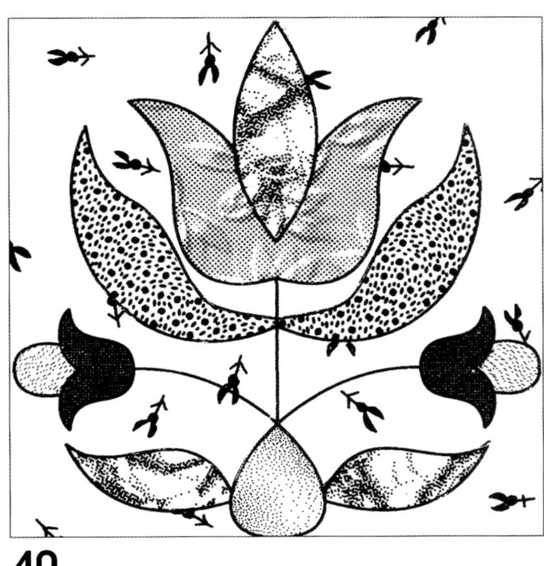

40

41

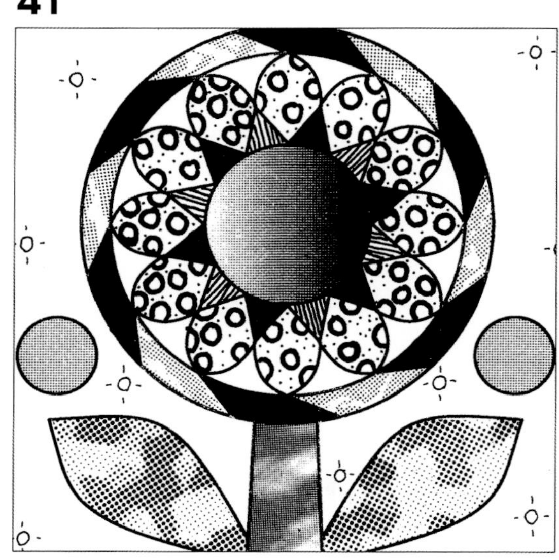

42

43

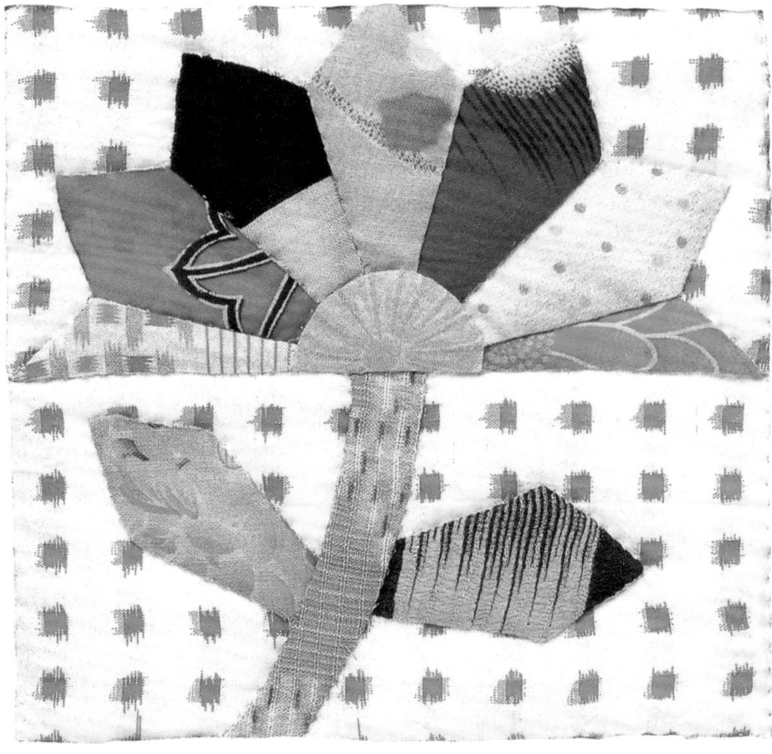

44

45

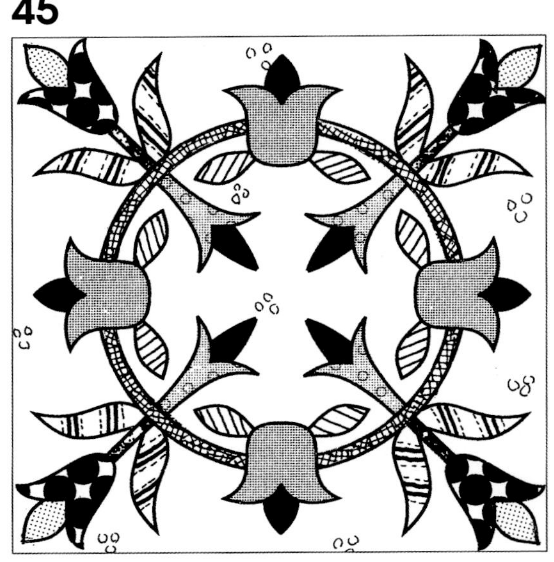

46

47

48

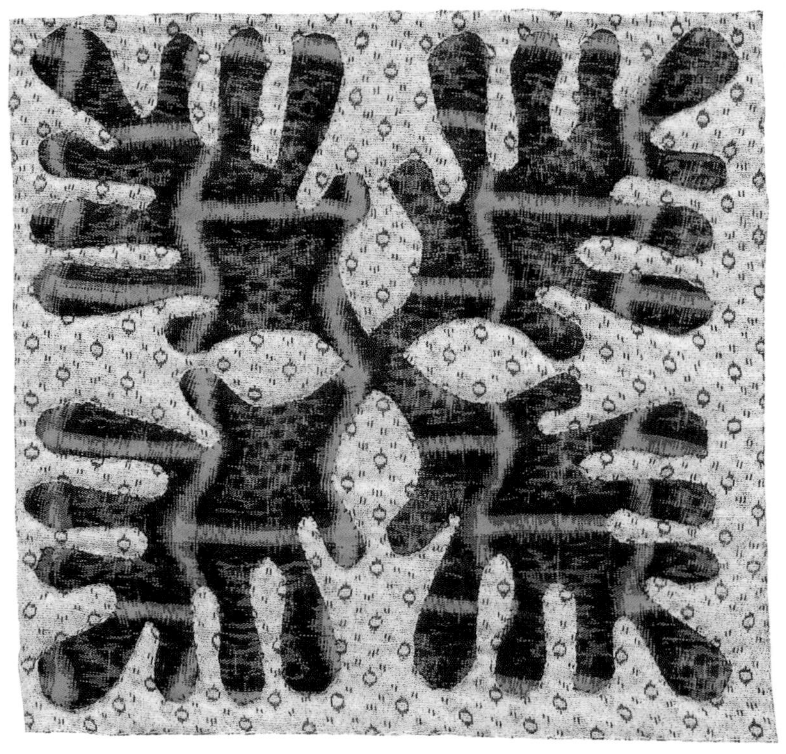

49

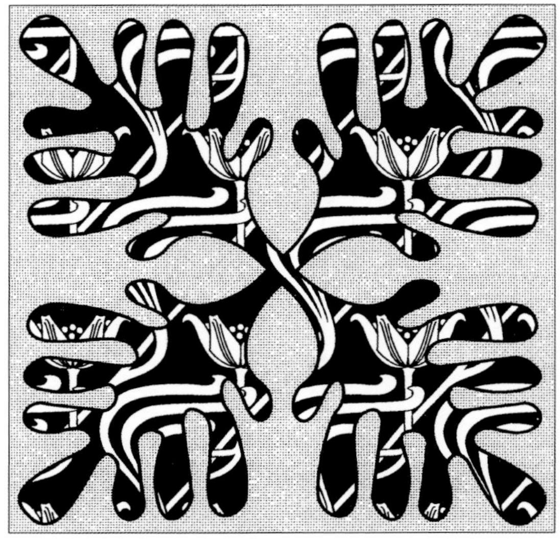

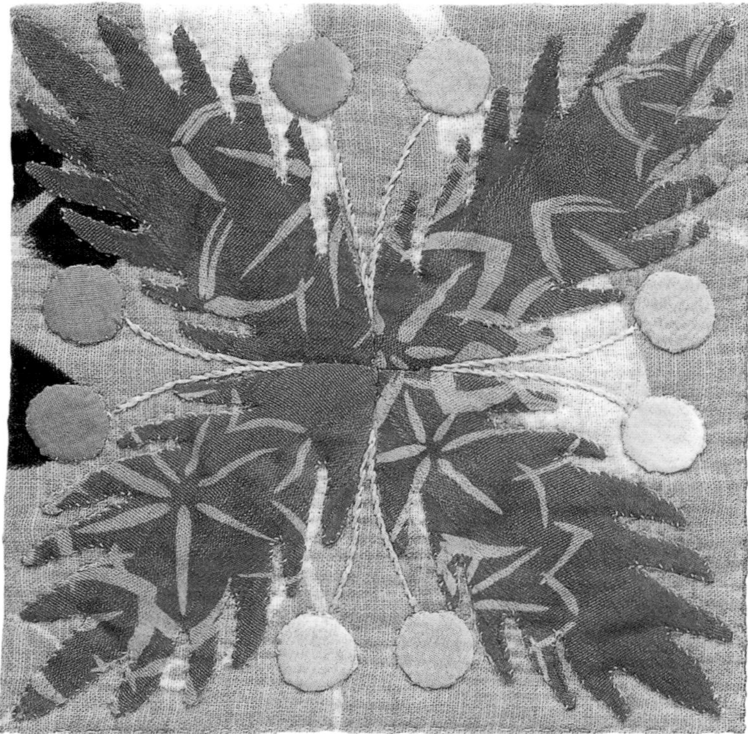

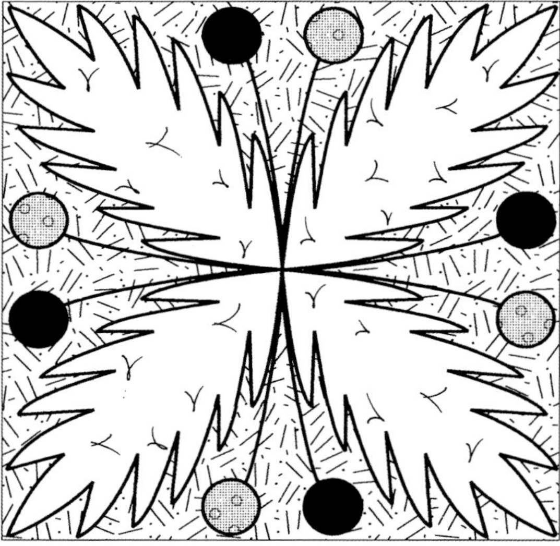

50

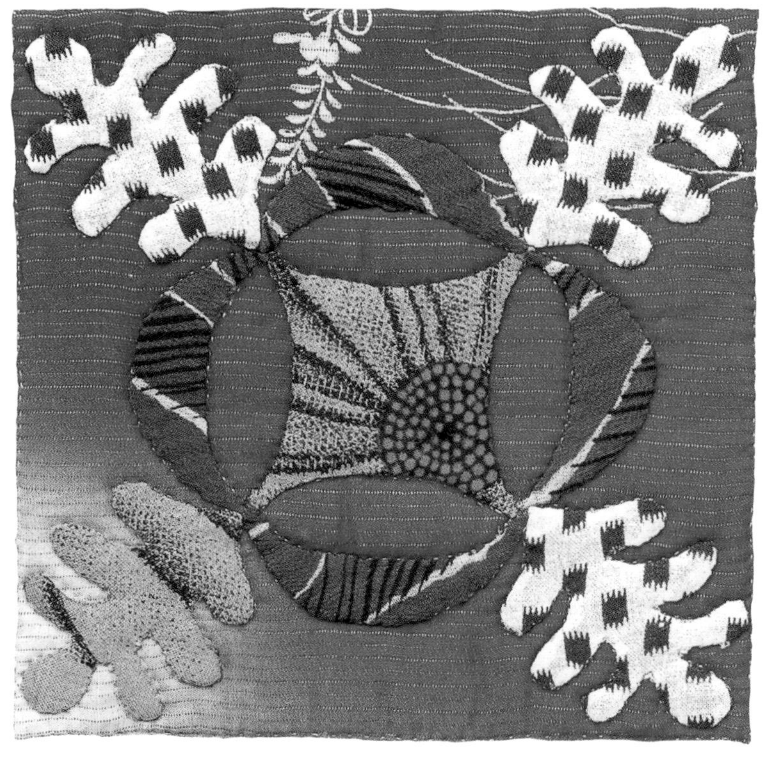

51

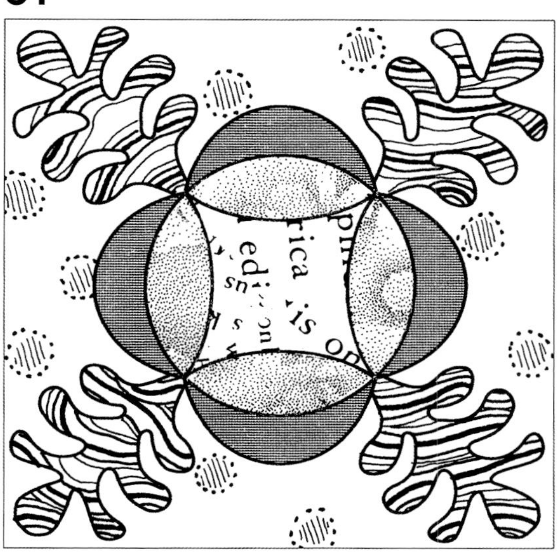

52

53

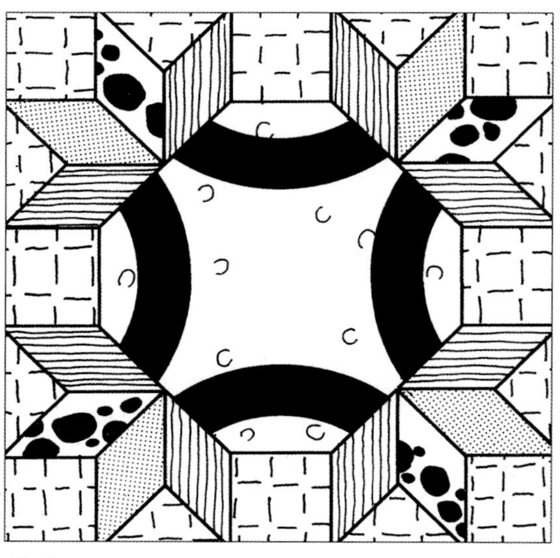

54

55

56

57

58

59

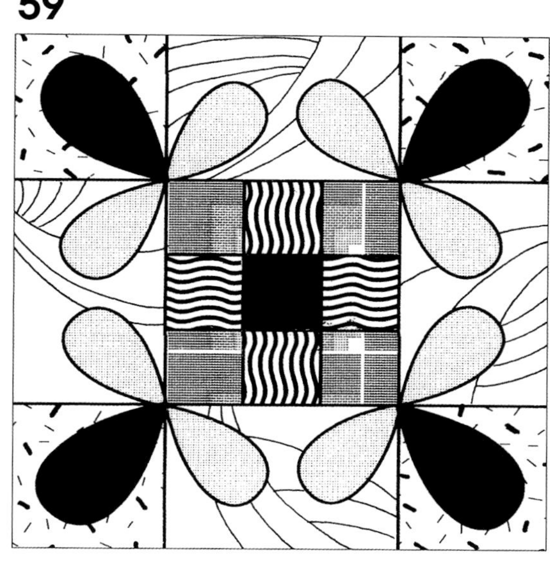

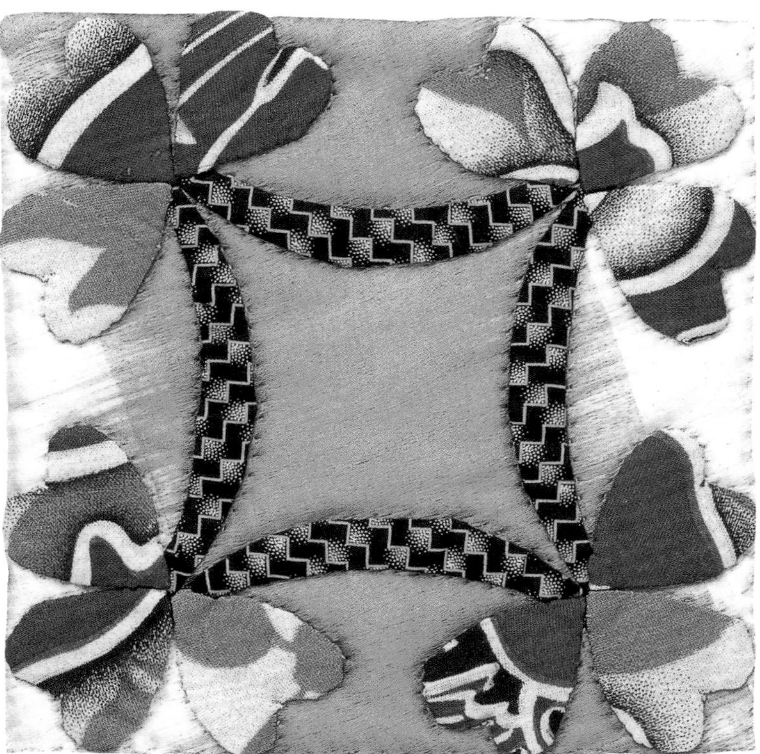

60

61

62

63

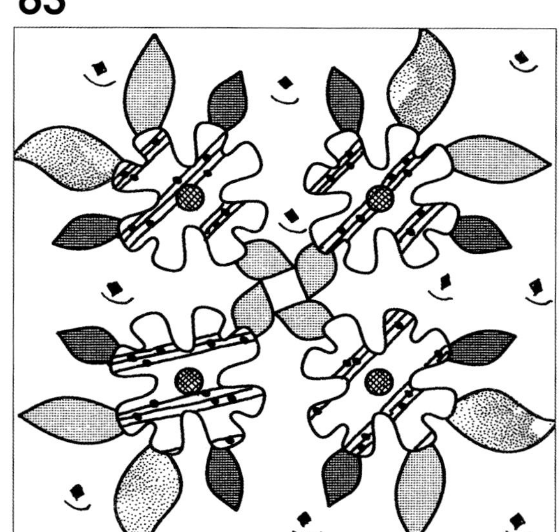

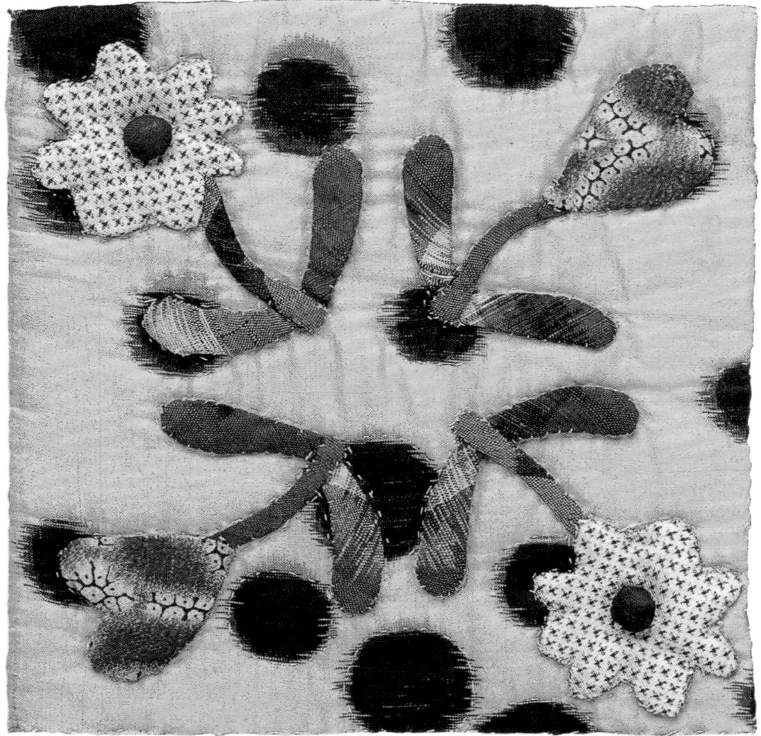

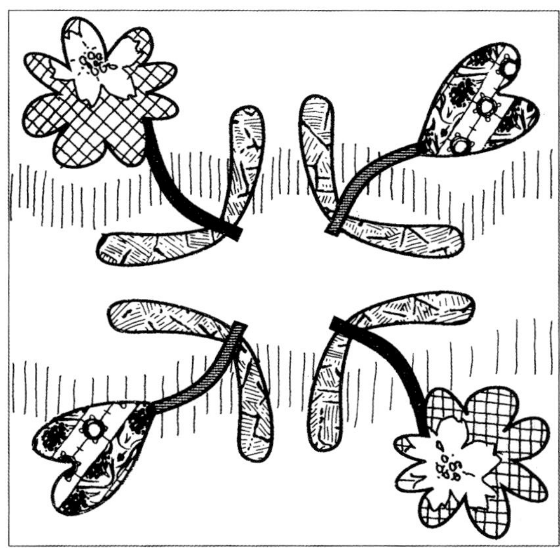

64

65

66

67

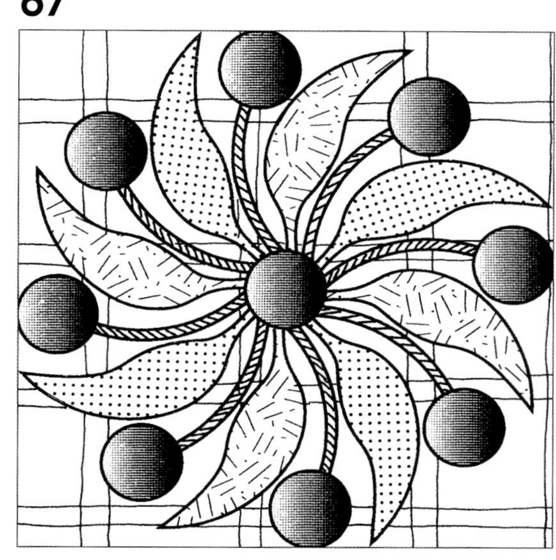

68

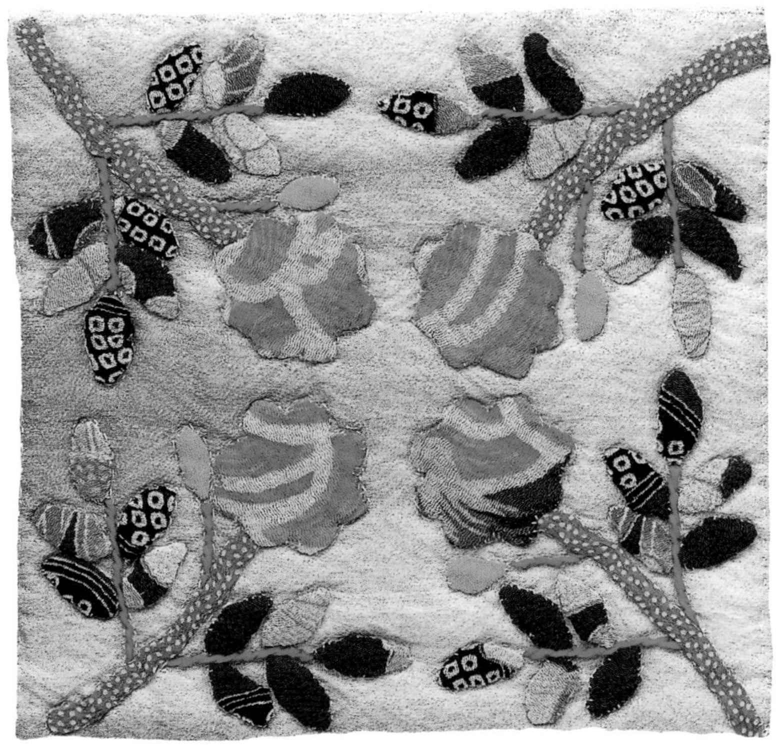

69

70

71

72

动物

73

74

75

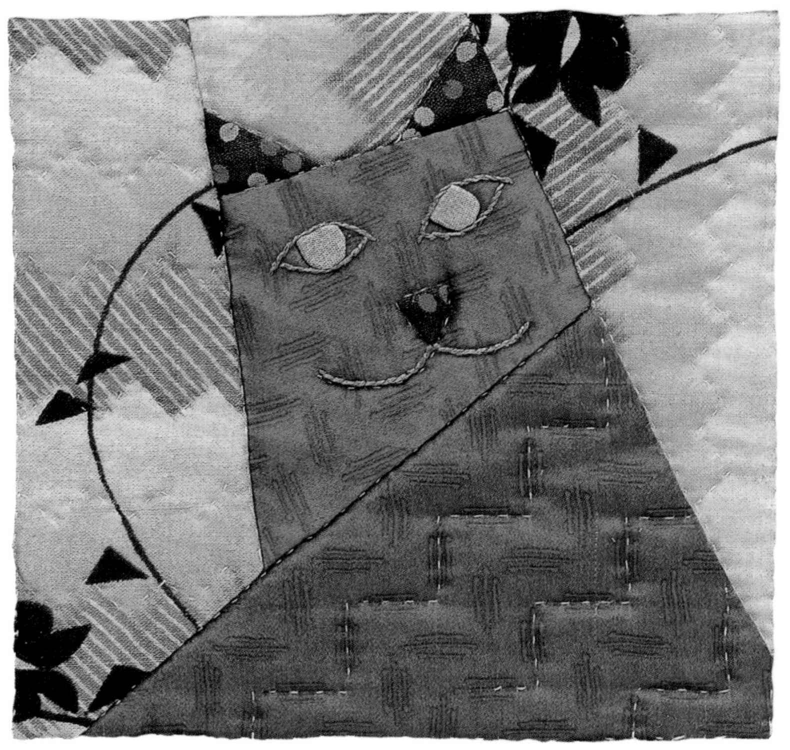

76

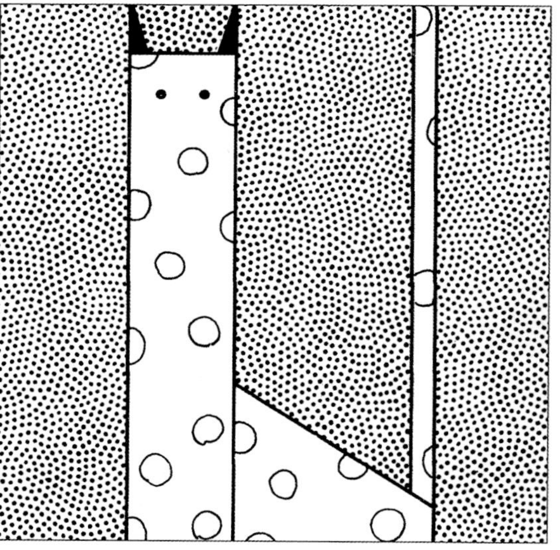

77

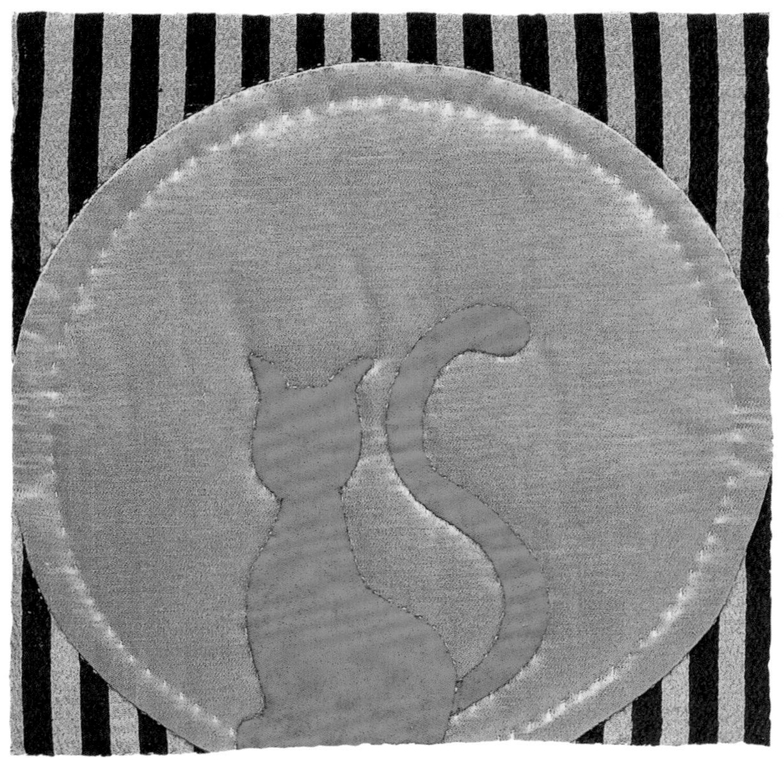

78

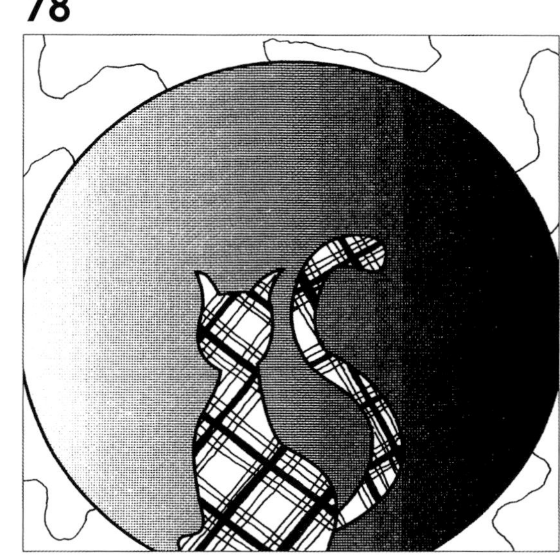

79

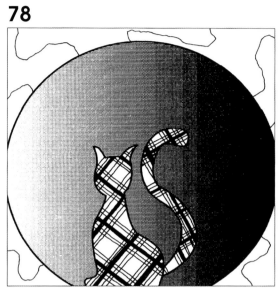

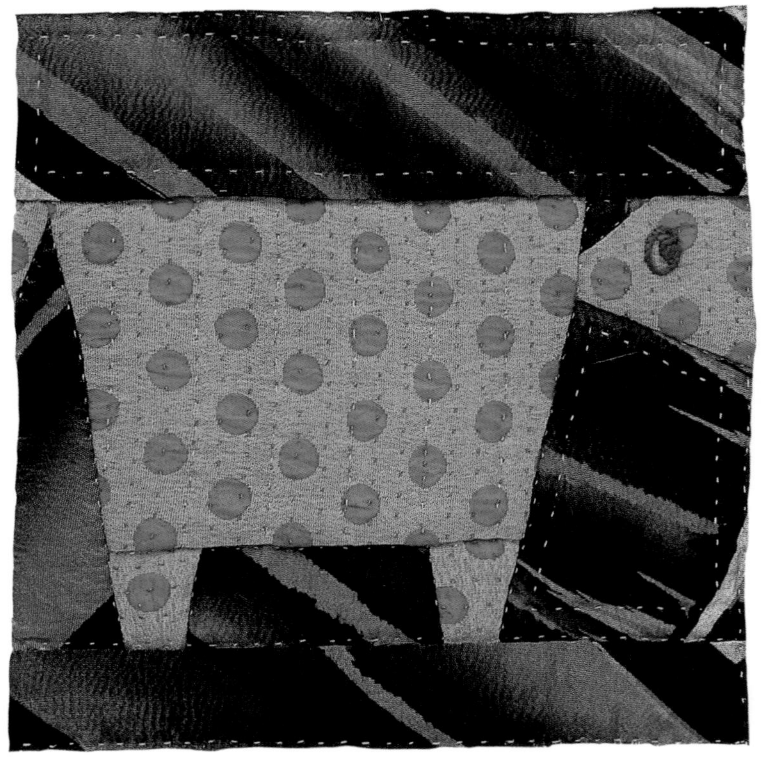

80

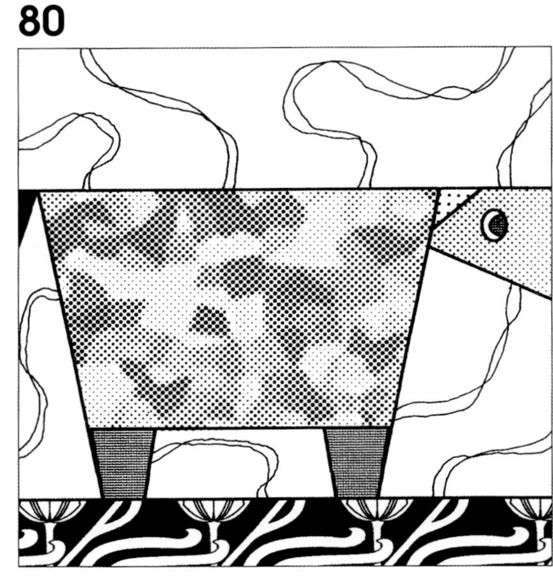

81

82

83

84

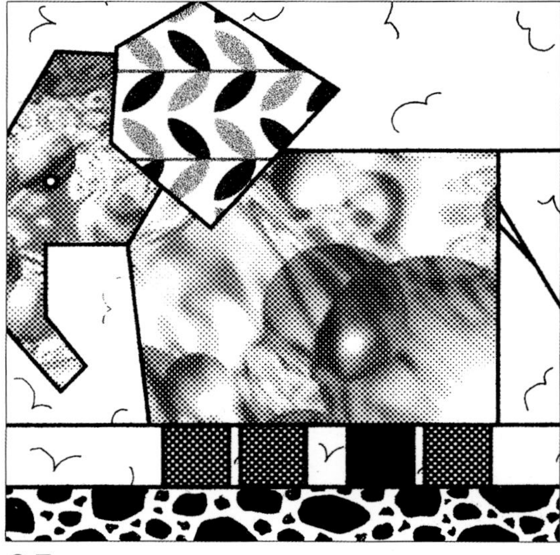

85

86

87

88

89

90

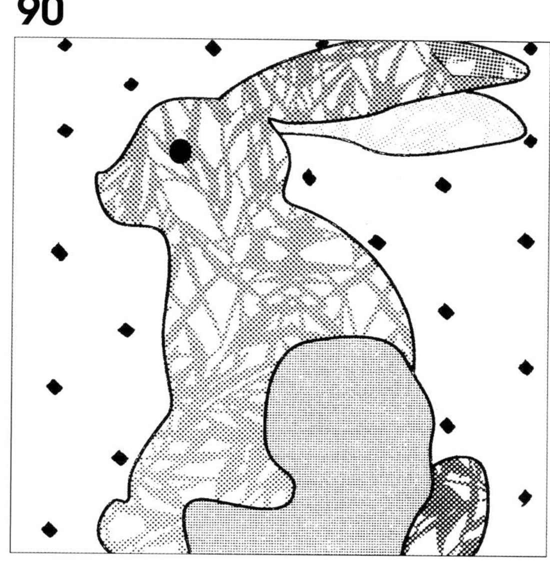

91

92

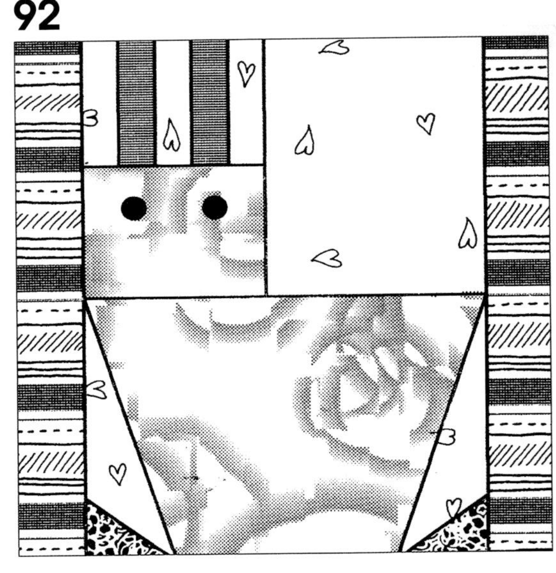

93

94

95

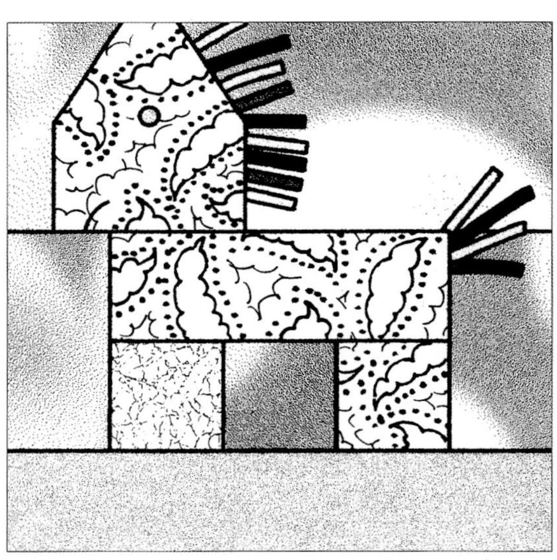

96

97

98

99

100

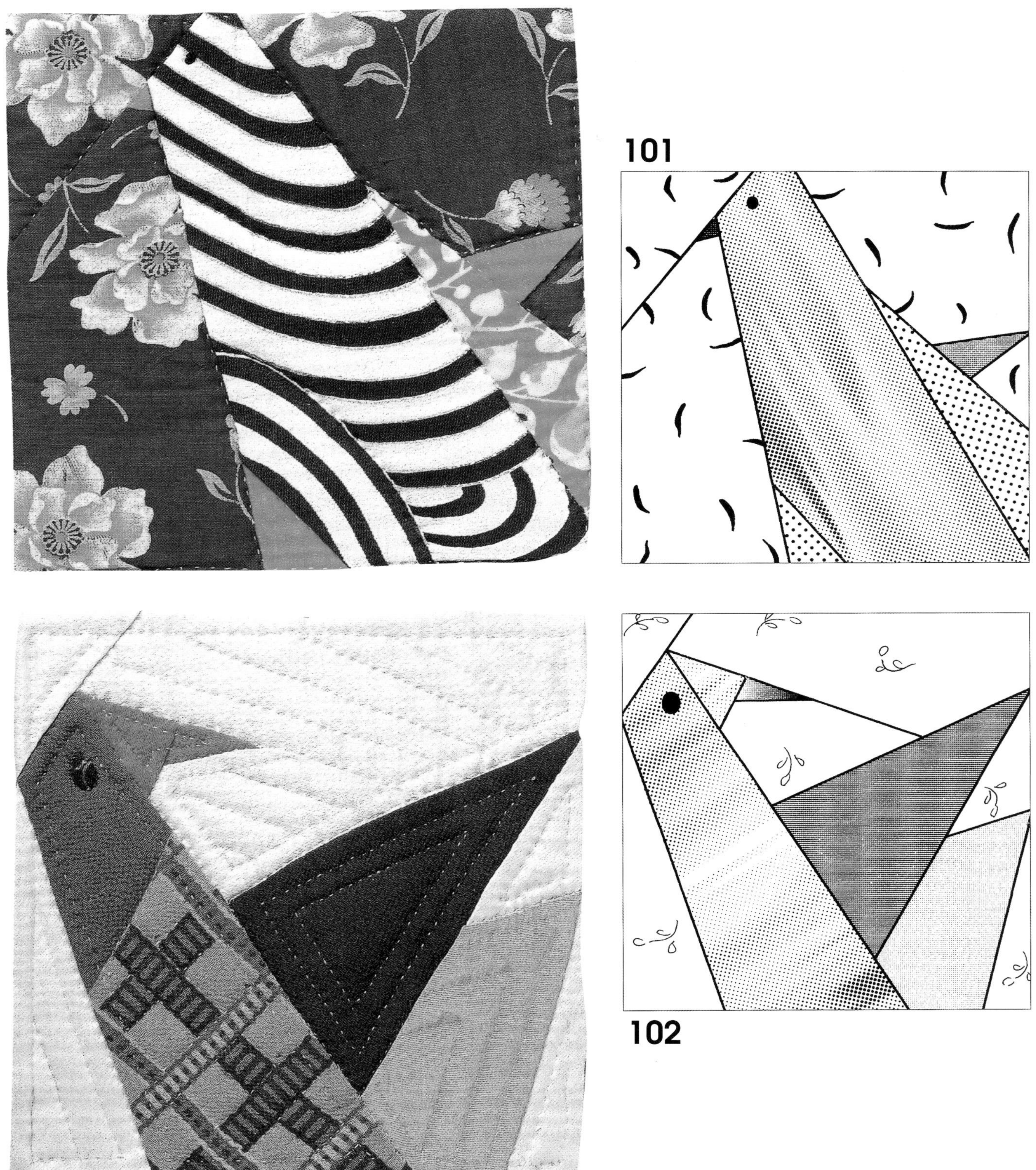
101
102

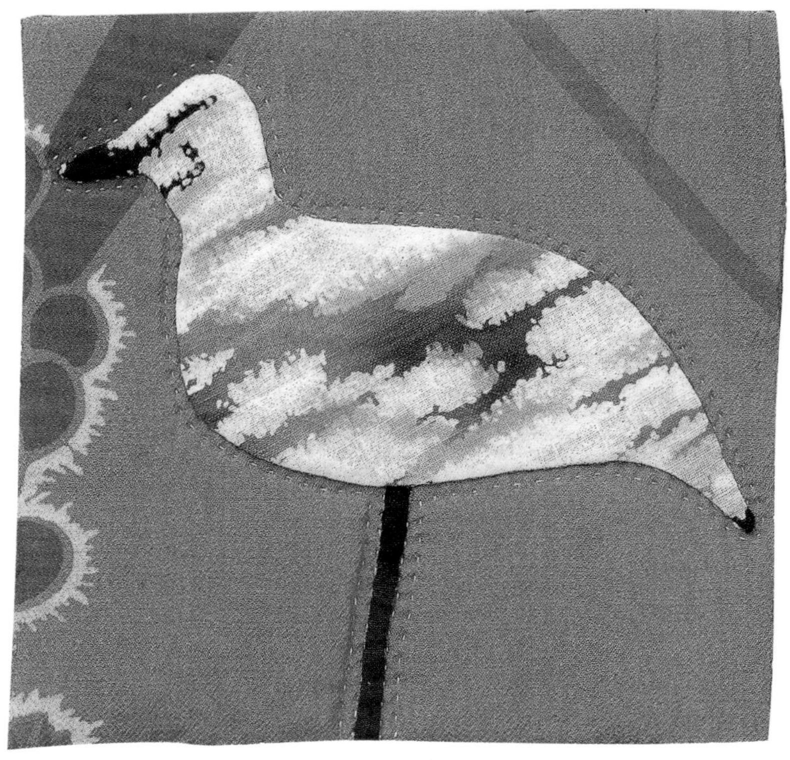

103

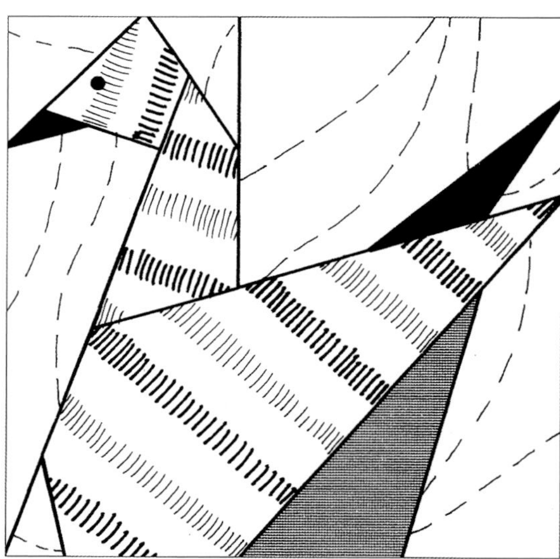

104

105

106

107、108

109

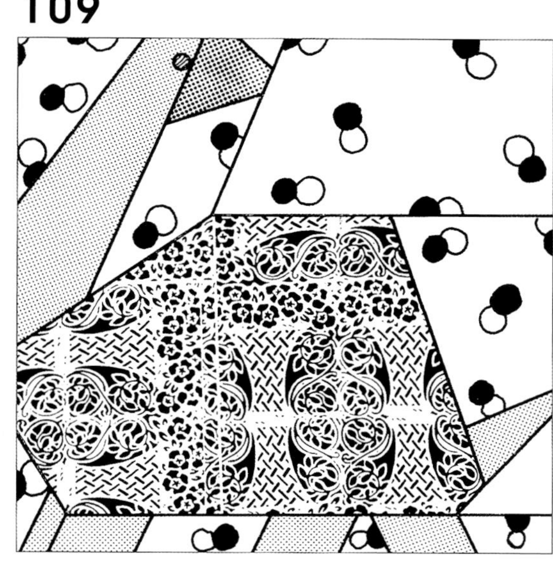

110

111、112

113

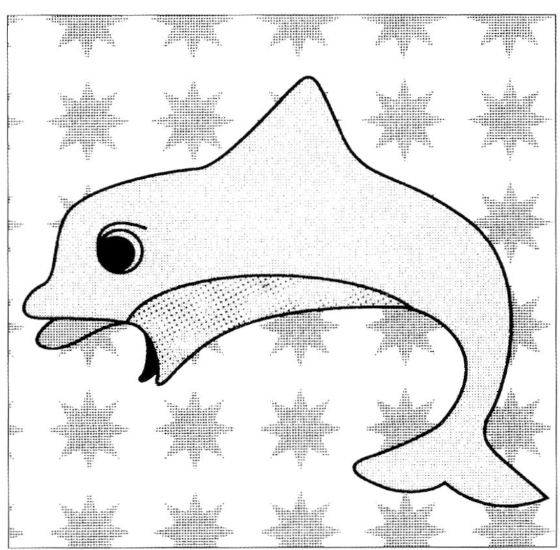

114

115

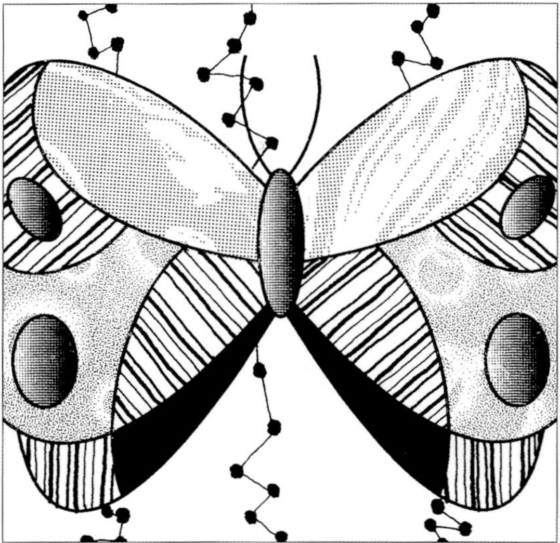

116

117、118

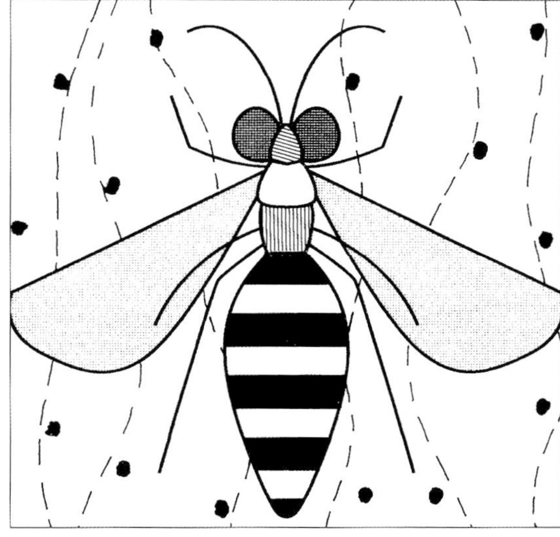

119

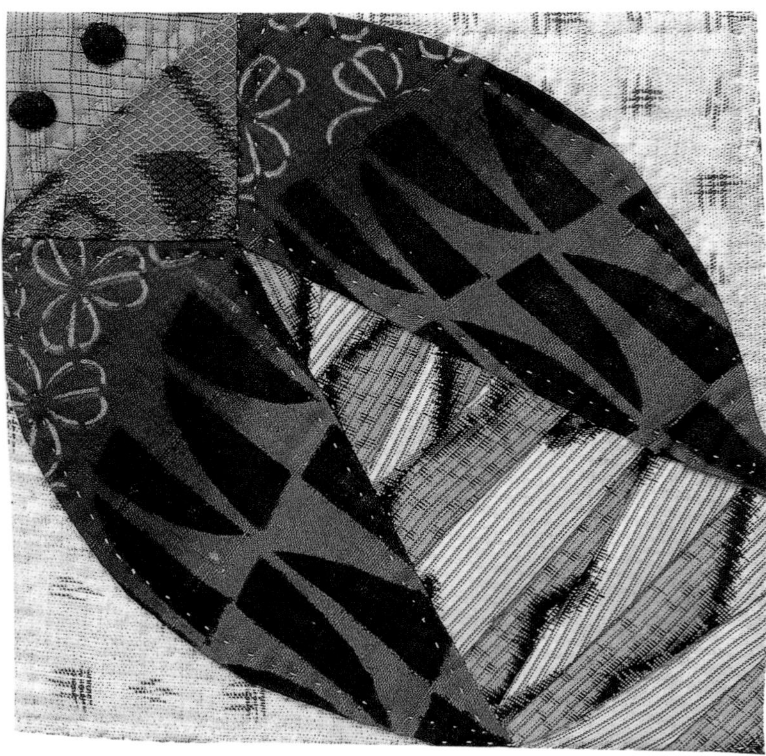

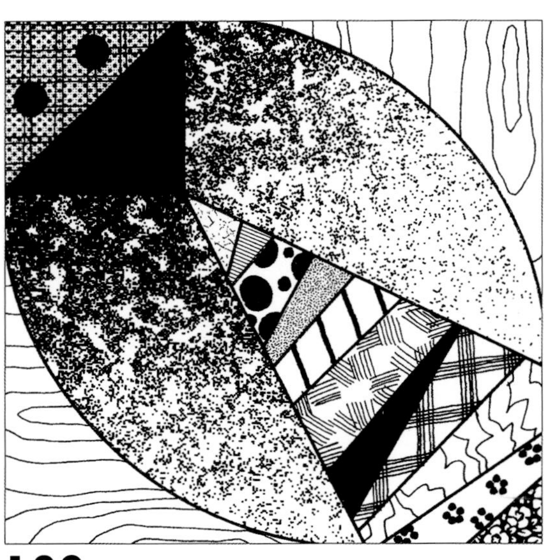

120

花环

121

122

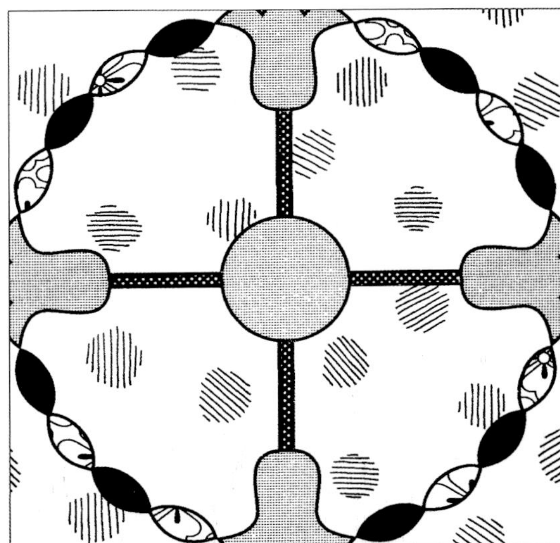

123

124

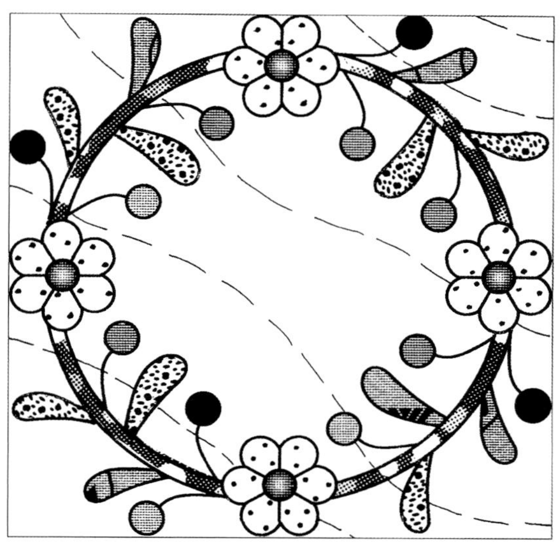

125

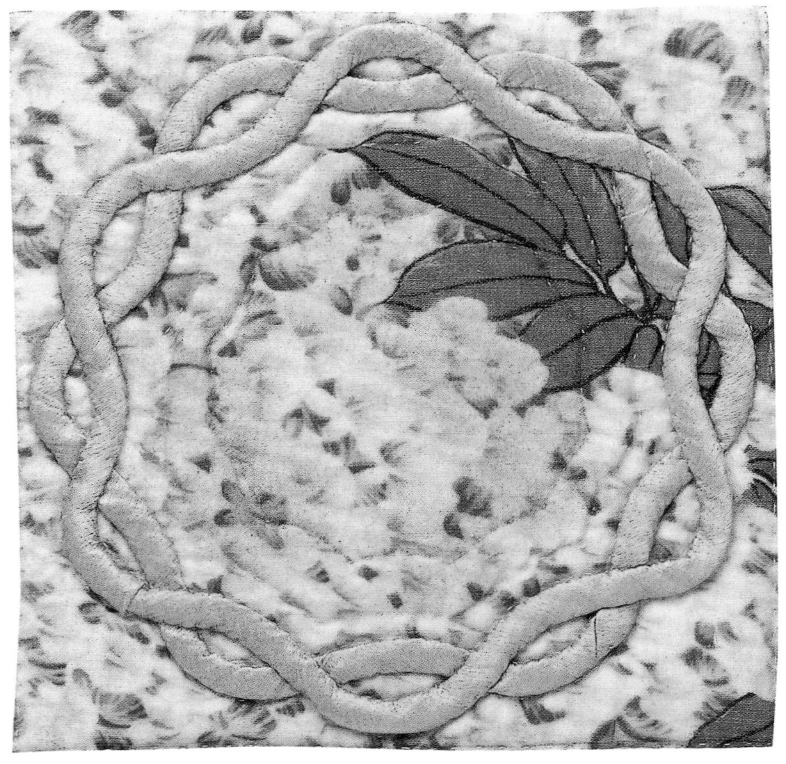

126

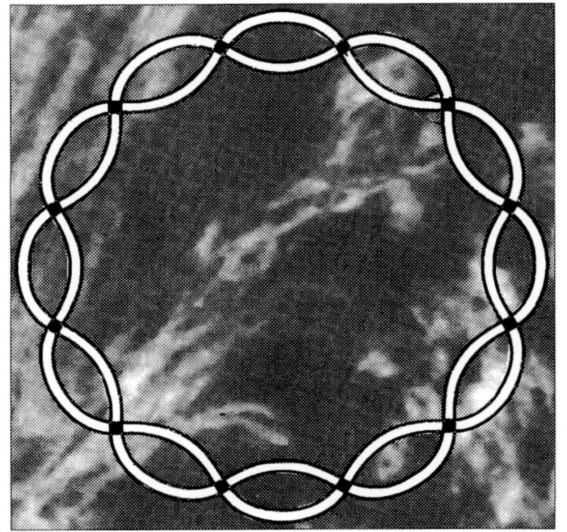

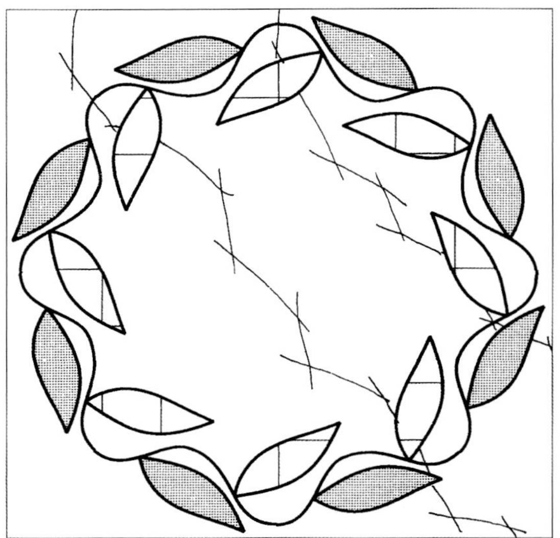

127

128

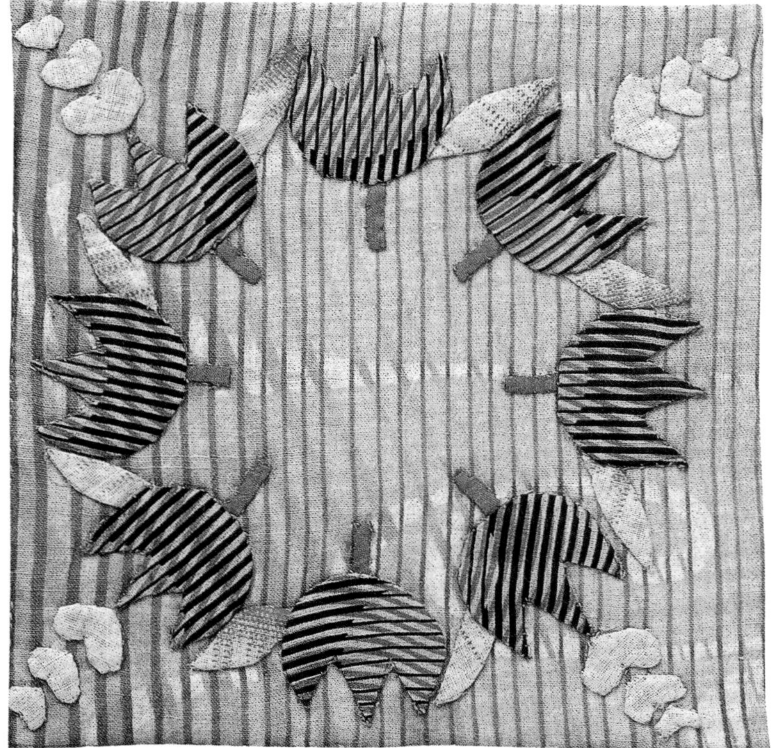

129

130

131

132

133

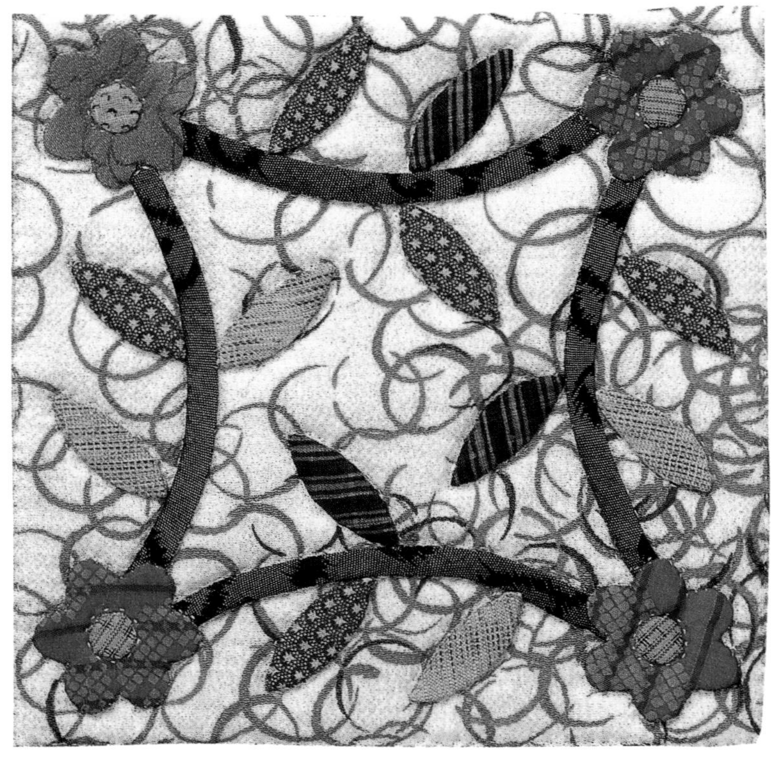

134

135

136

137

138

139

圆·曲线

140

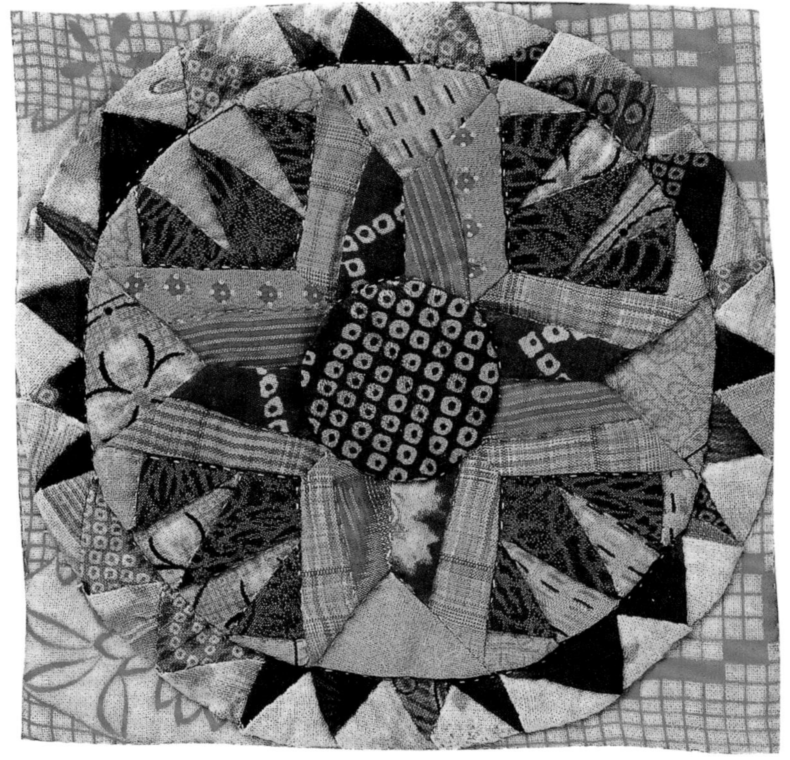

141

142

143

144

145

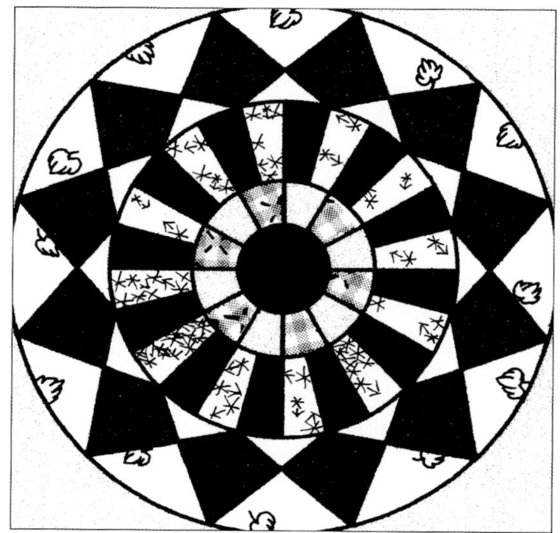

146

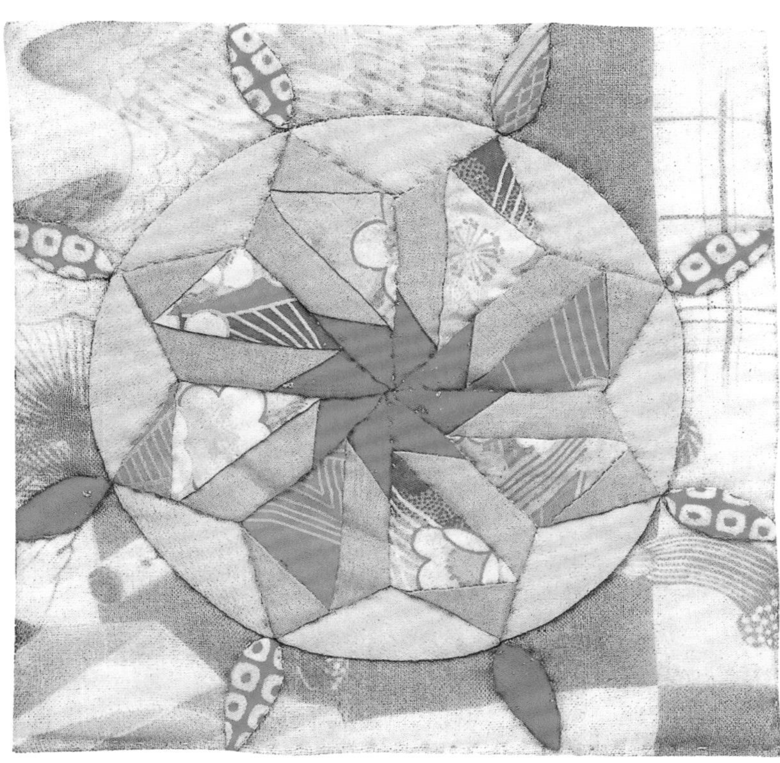

147

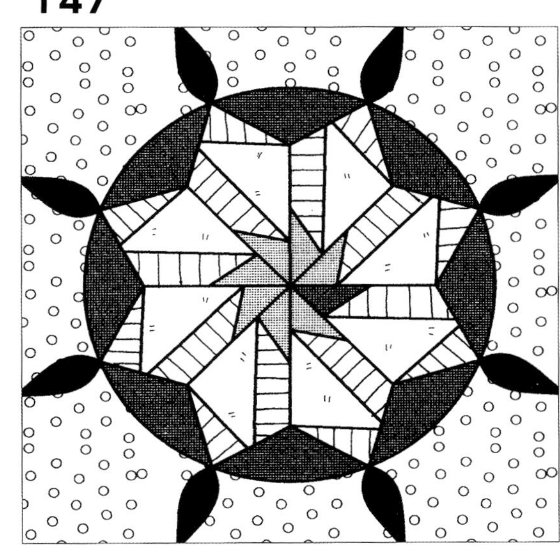

148

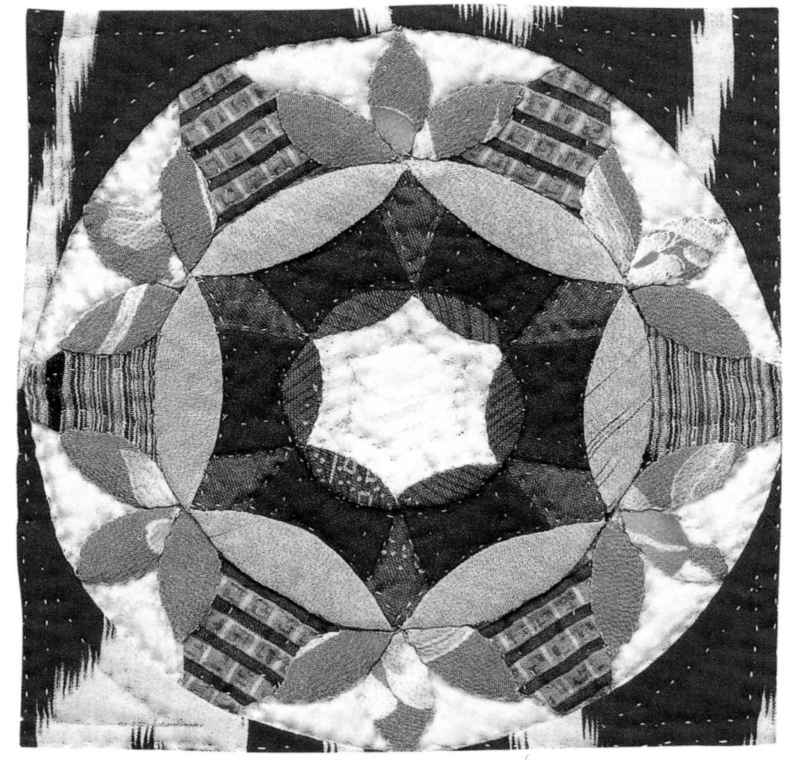

149

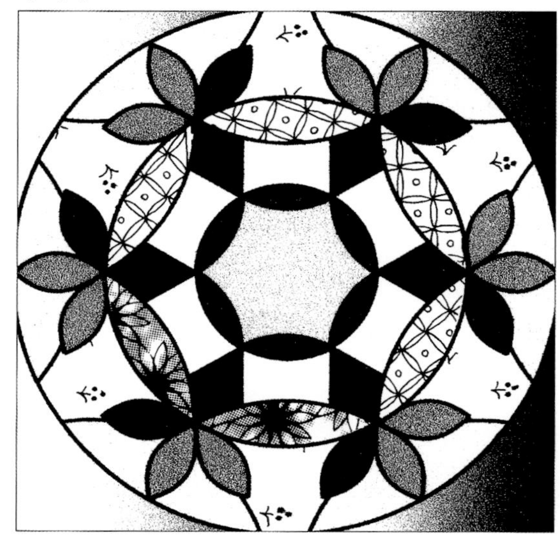

150

151

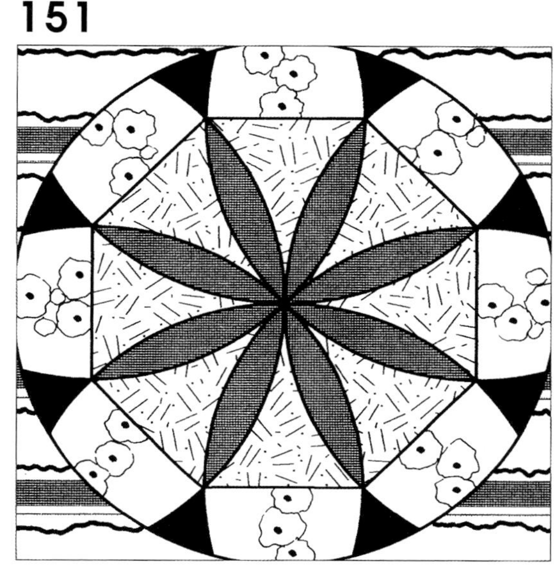

152

153

154

155

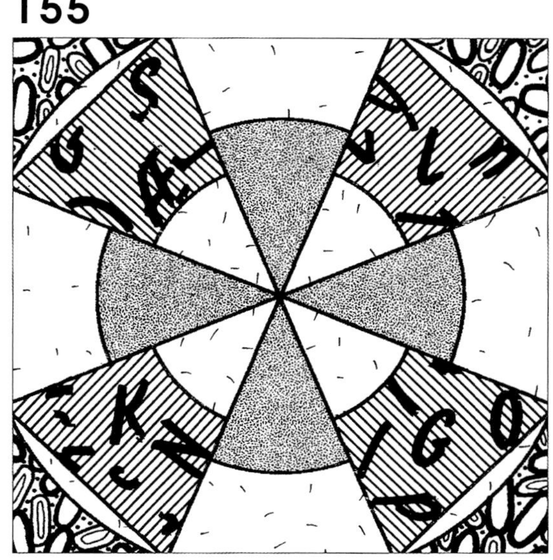

156

157

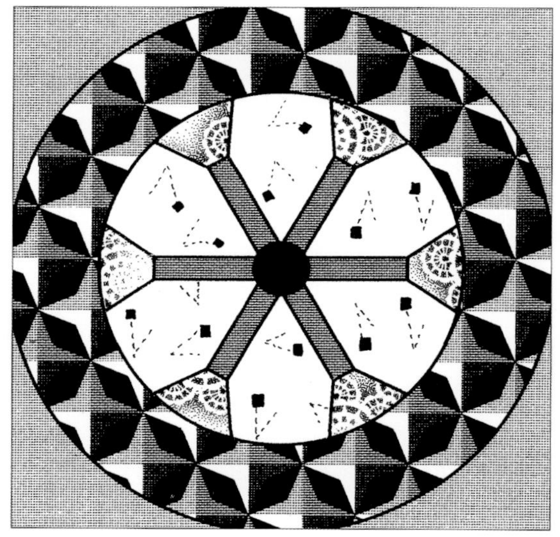

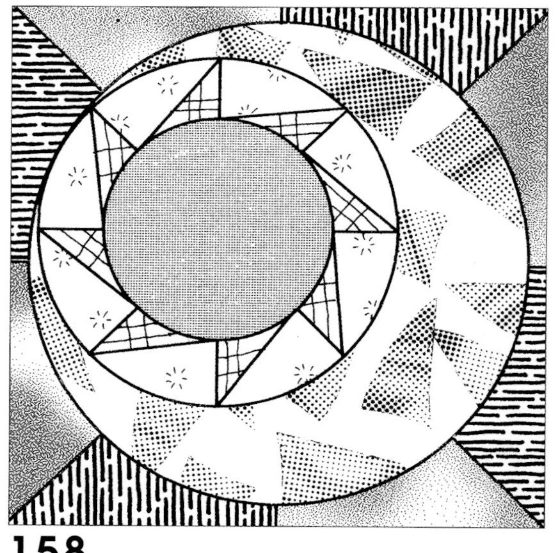

158

159

160

161

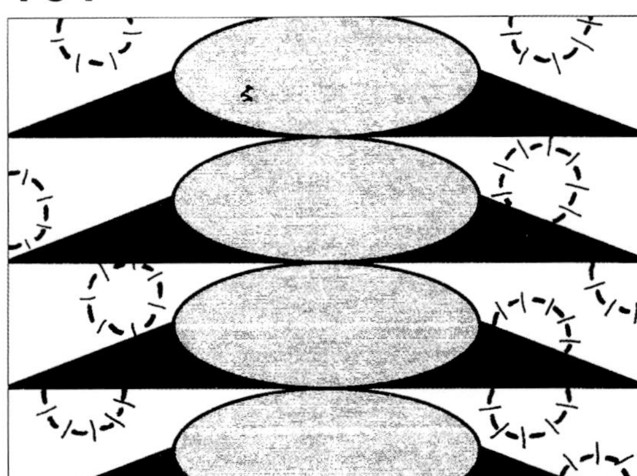

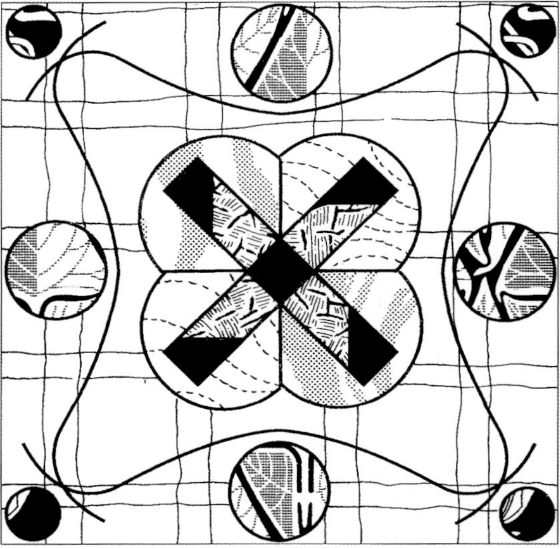

162

163

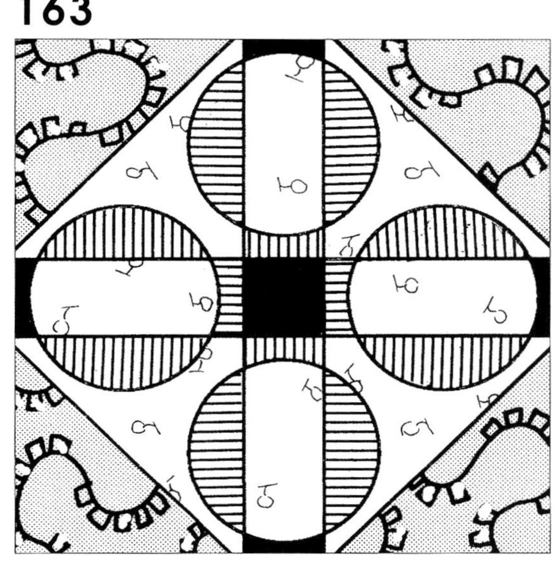

164

165

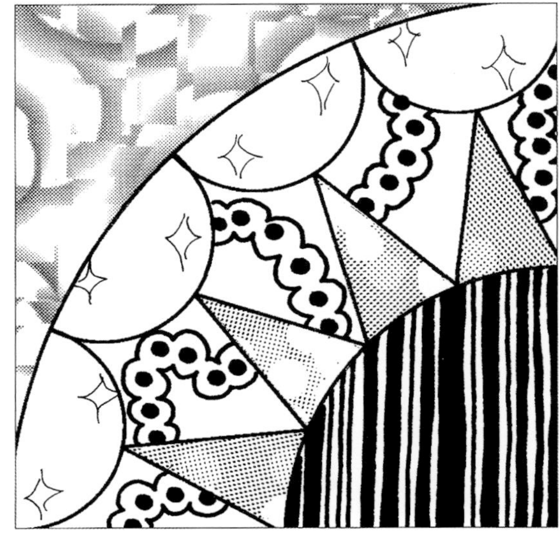

166

167

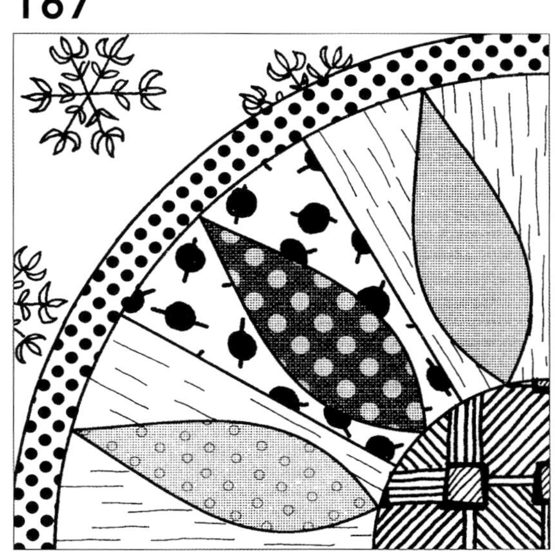

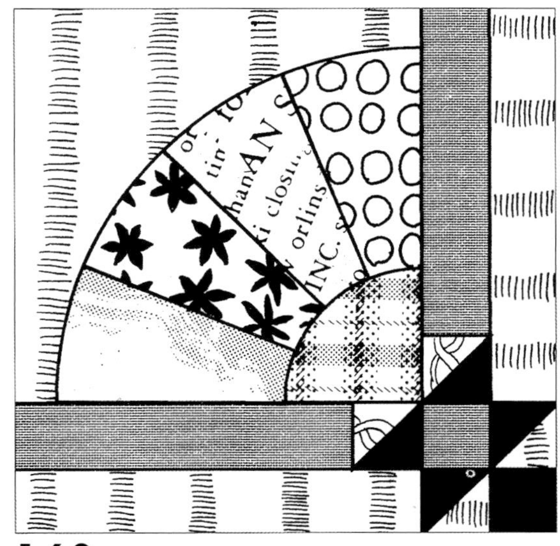

168

169

170

171

172

173

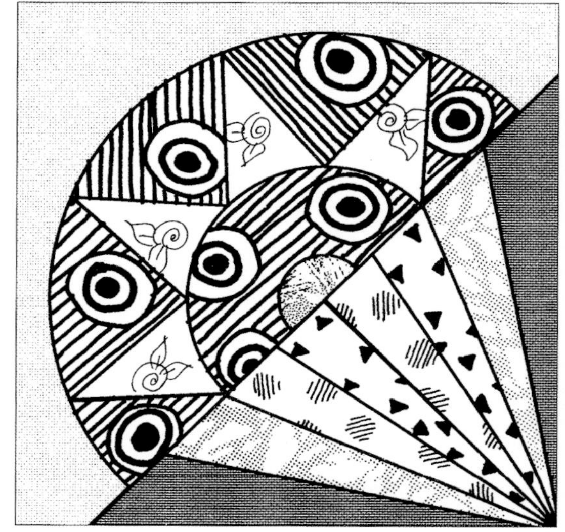

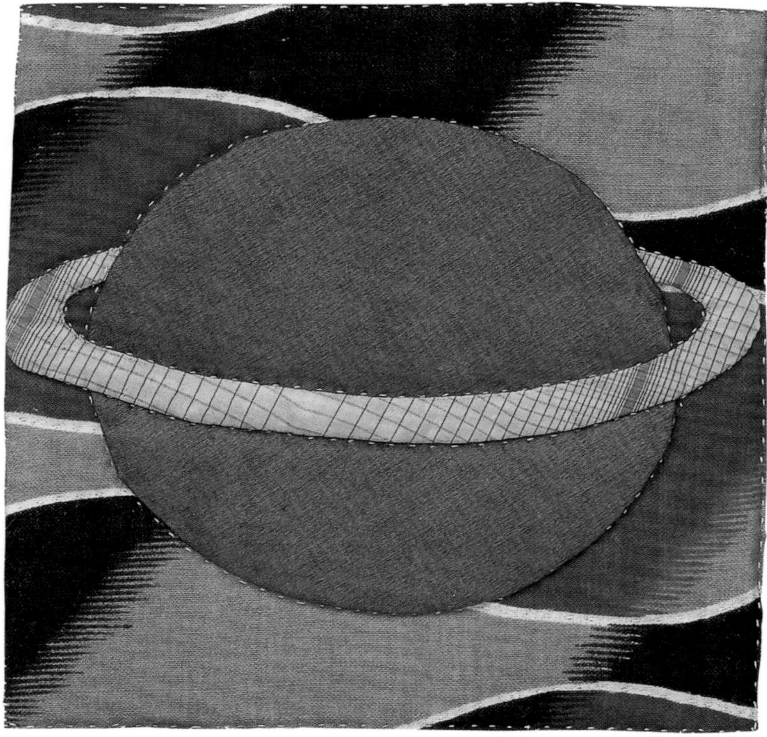

174

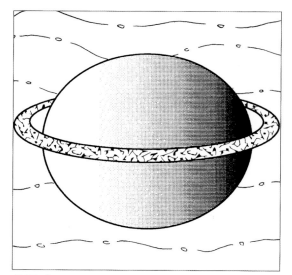

175

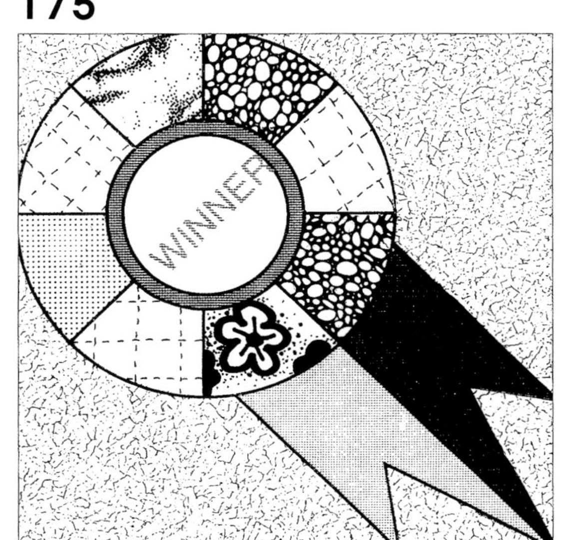

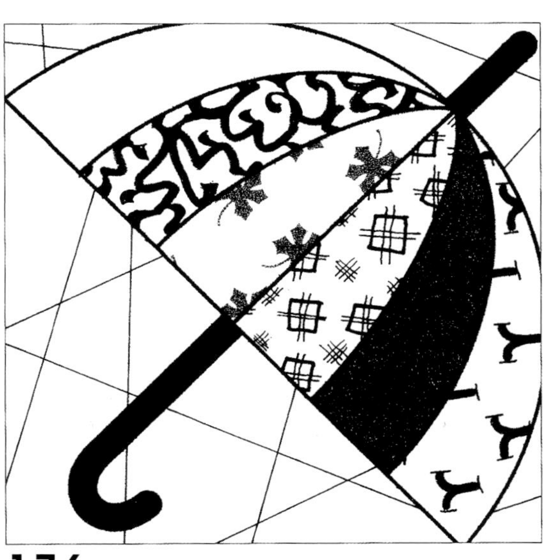

176

几何图形

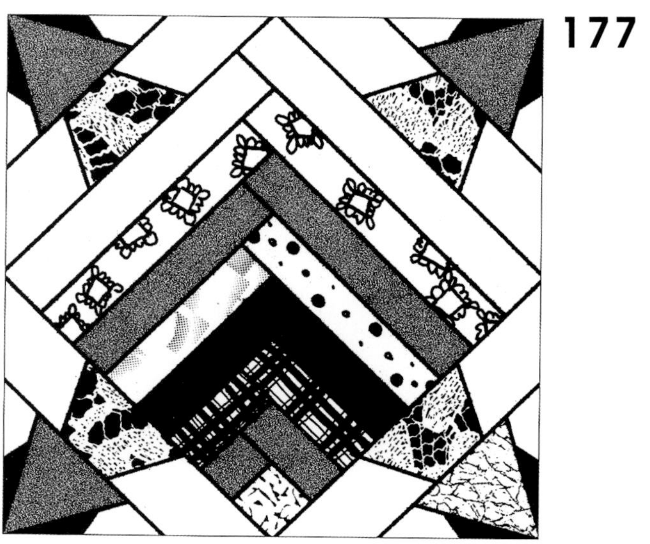

177

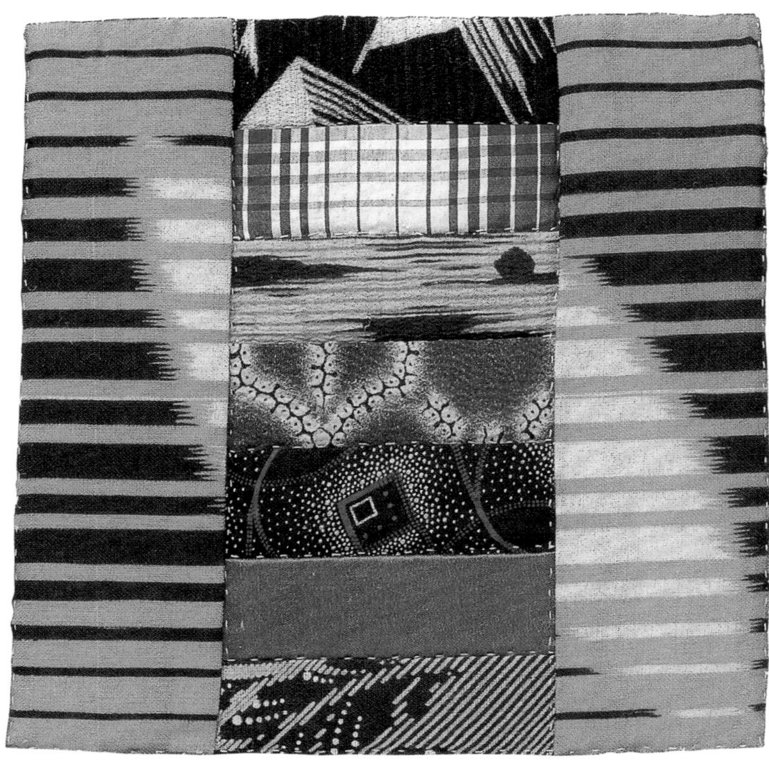

178

几何图形

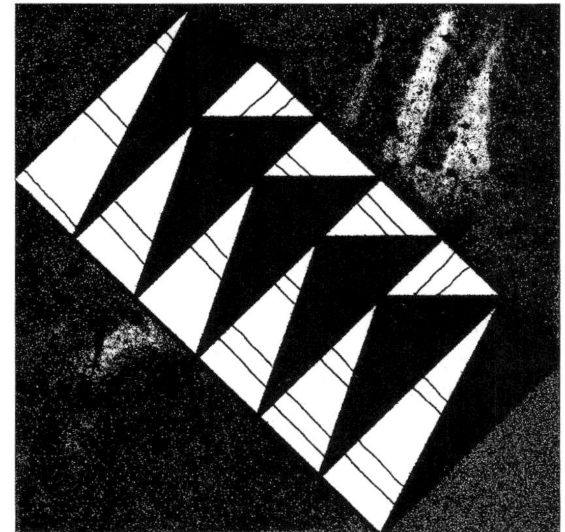

179

180

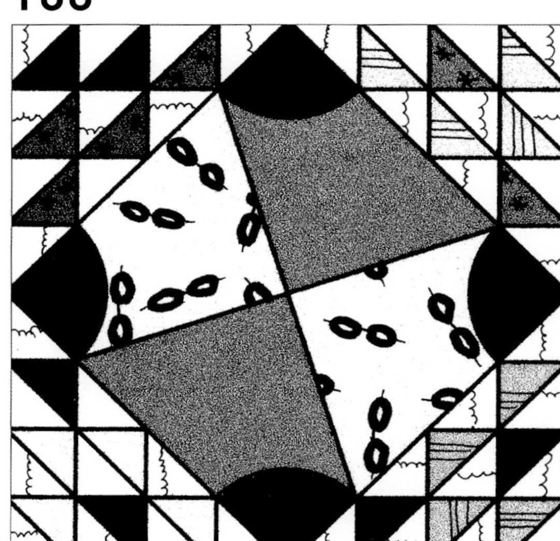

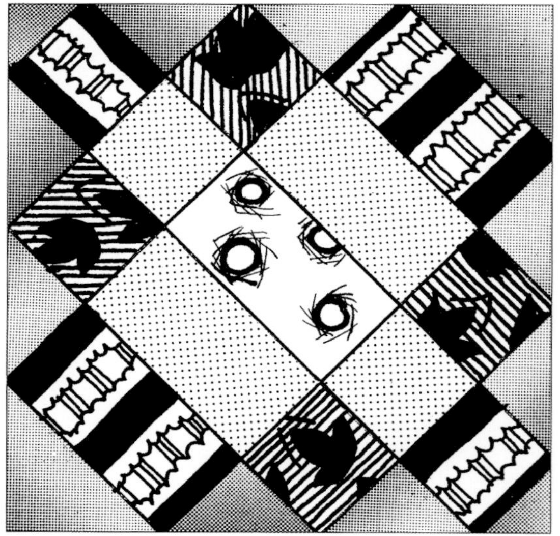

181

182

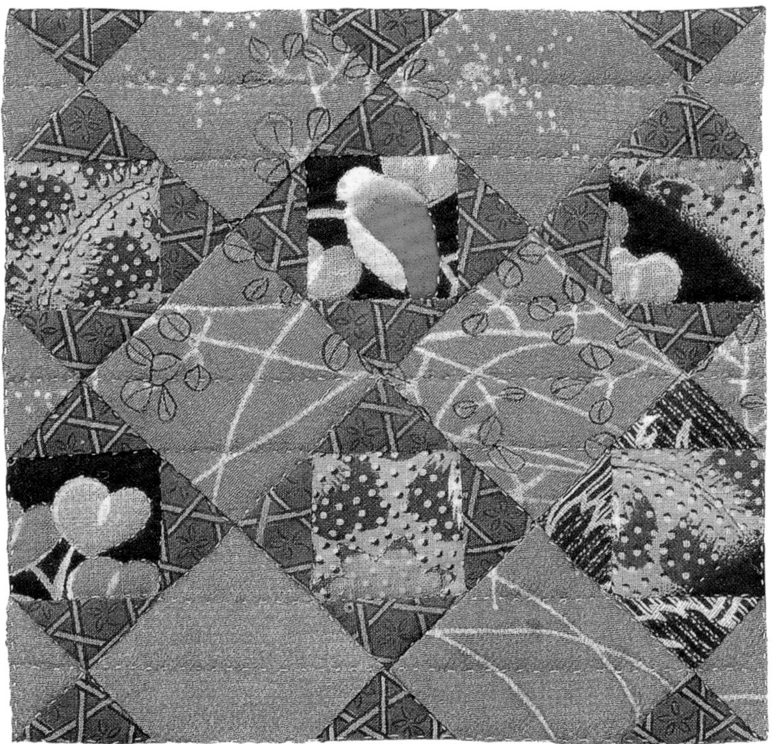

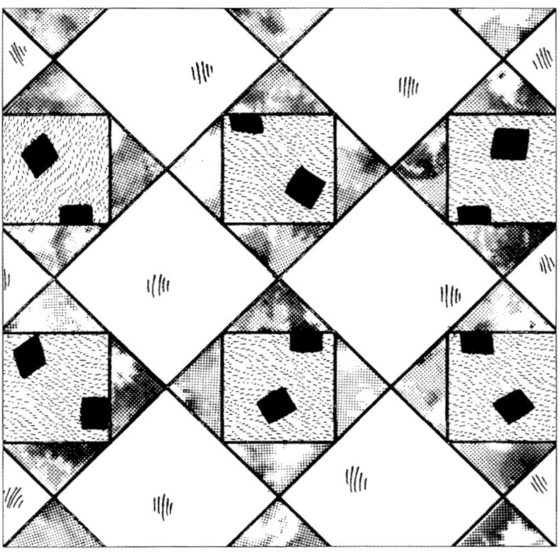

183

184

185

186

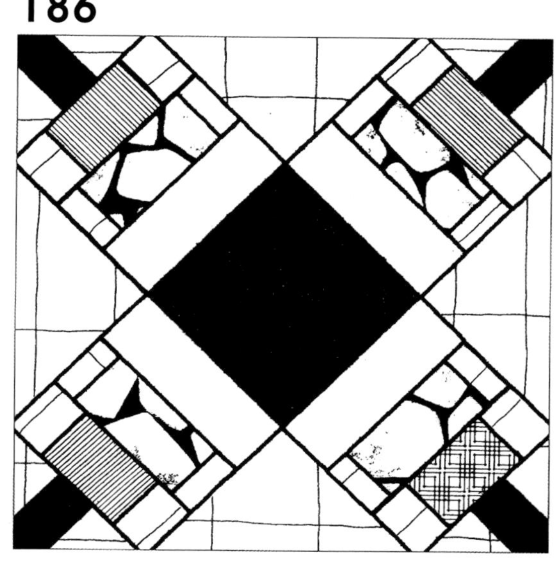

187

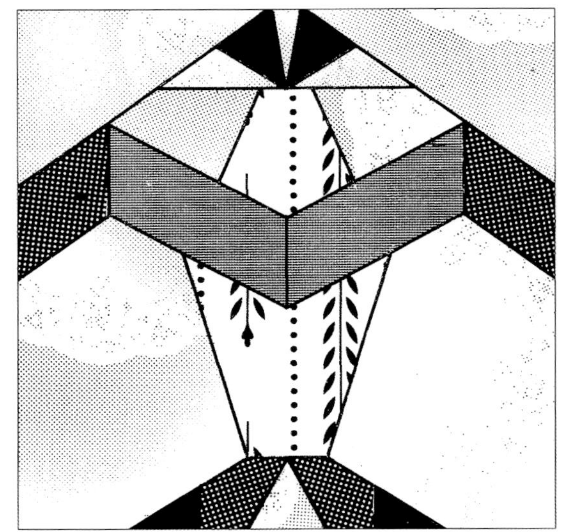

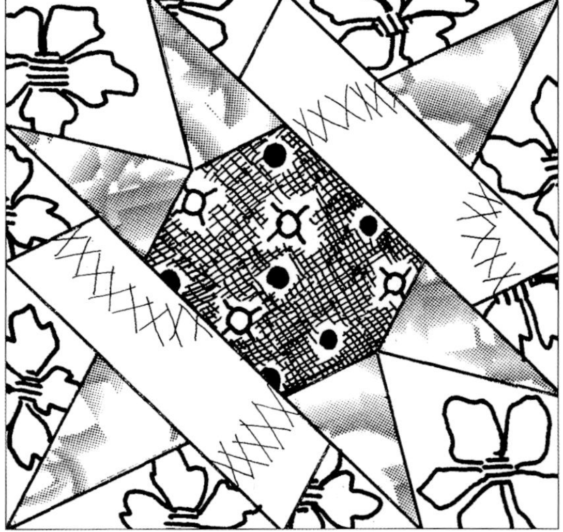

189

190

191

几何图形

192

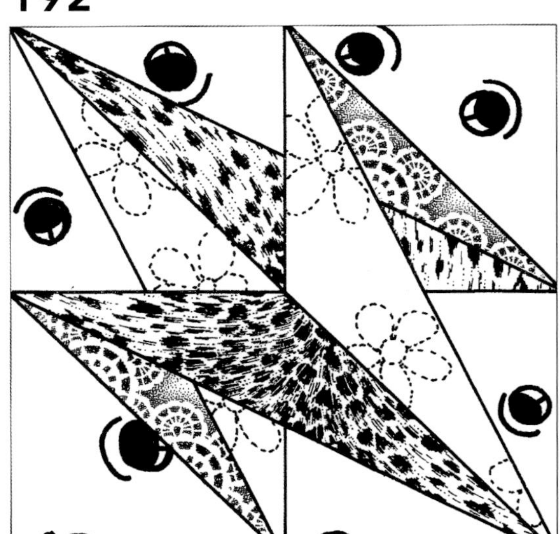

193

194

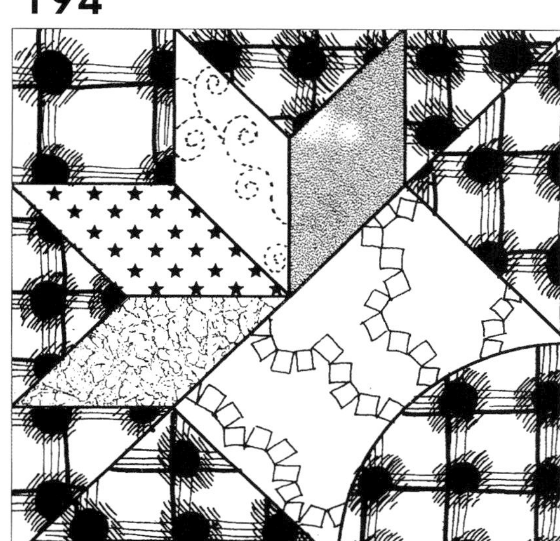

195

196

197

198

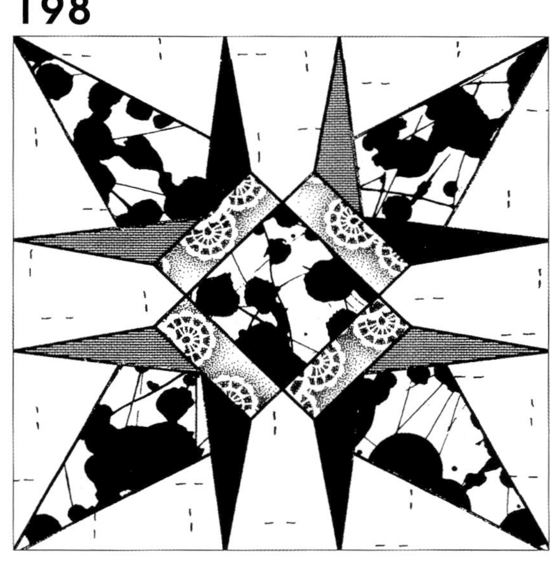

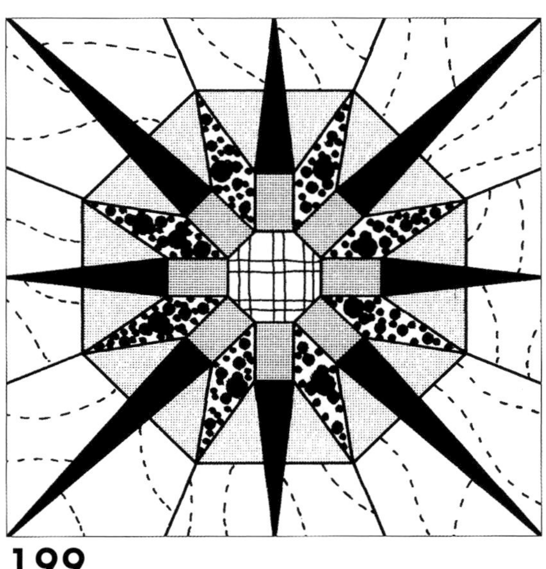

199

200

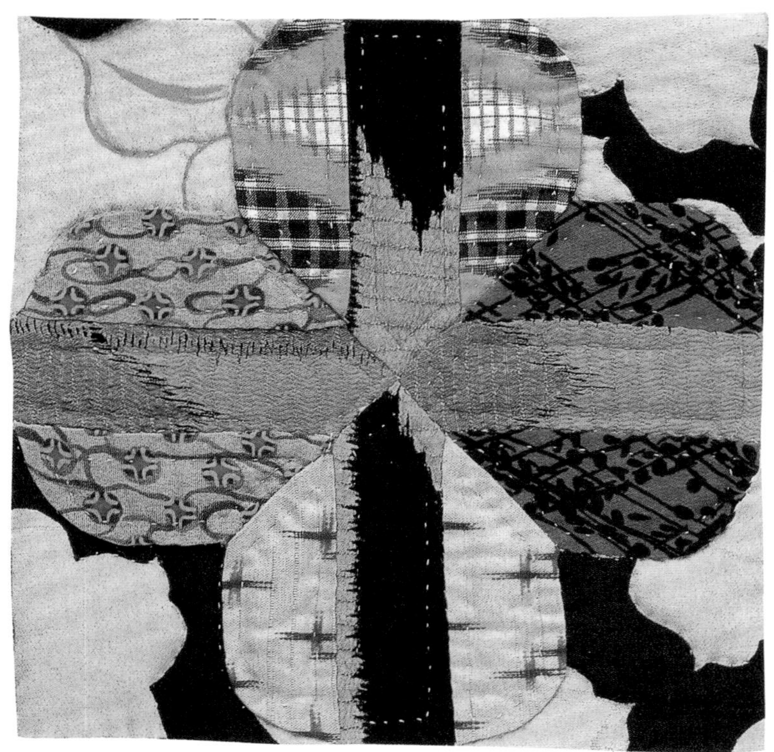

201

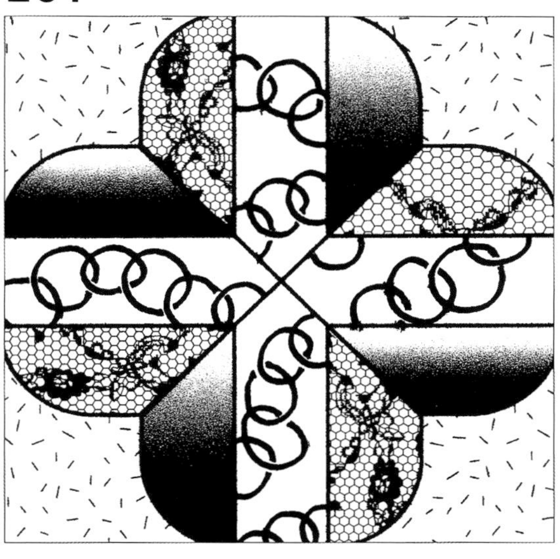

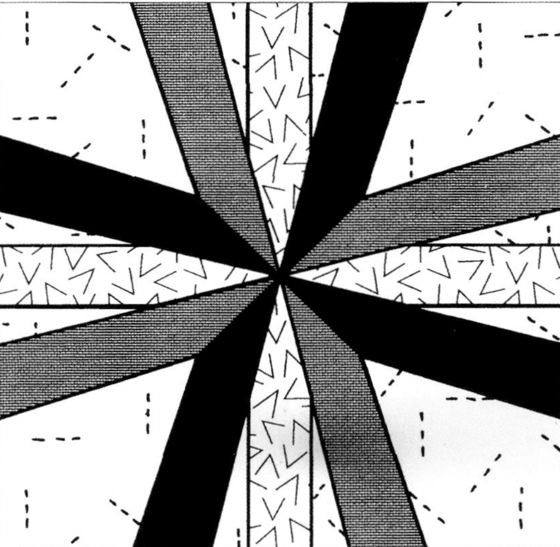

202

203

204

205

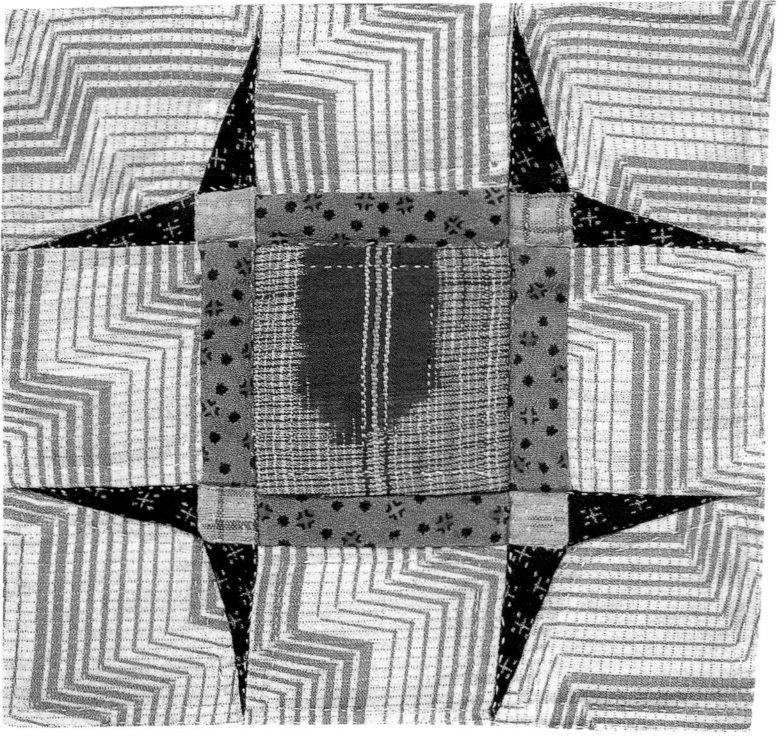

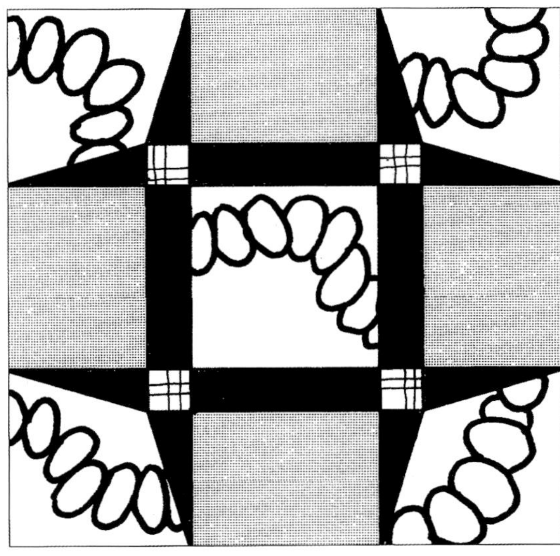

206

207

208

209

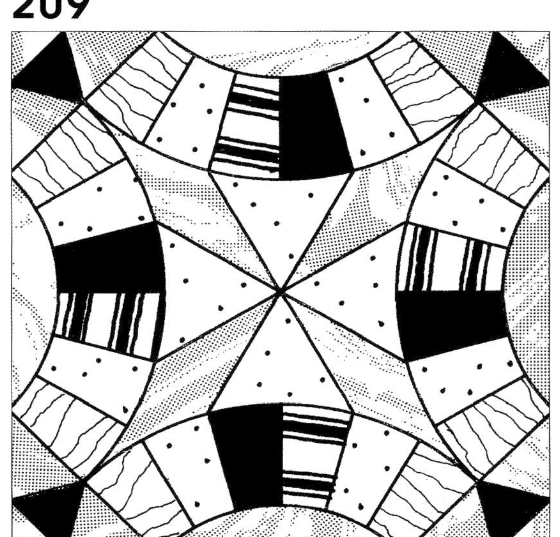

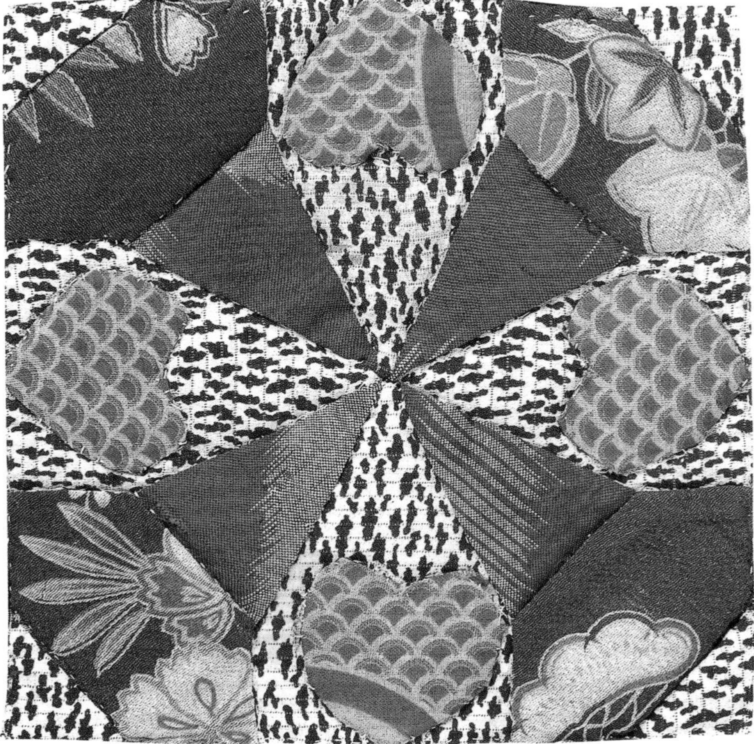

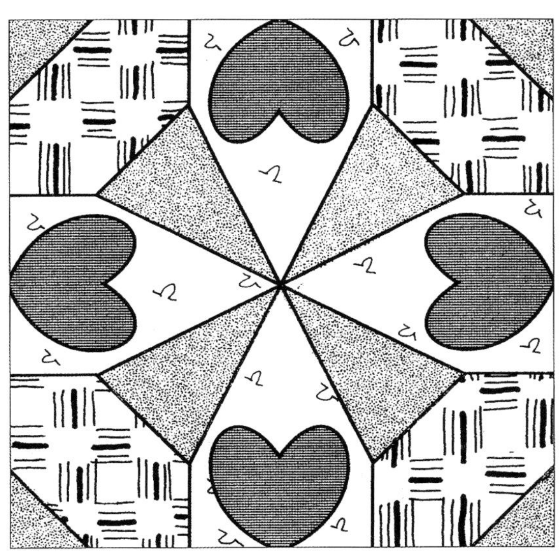

210

万圣节・圣诞节

211

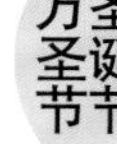

213

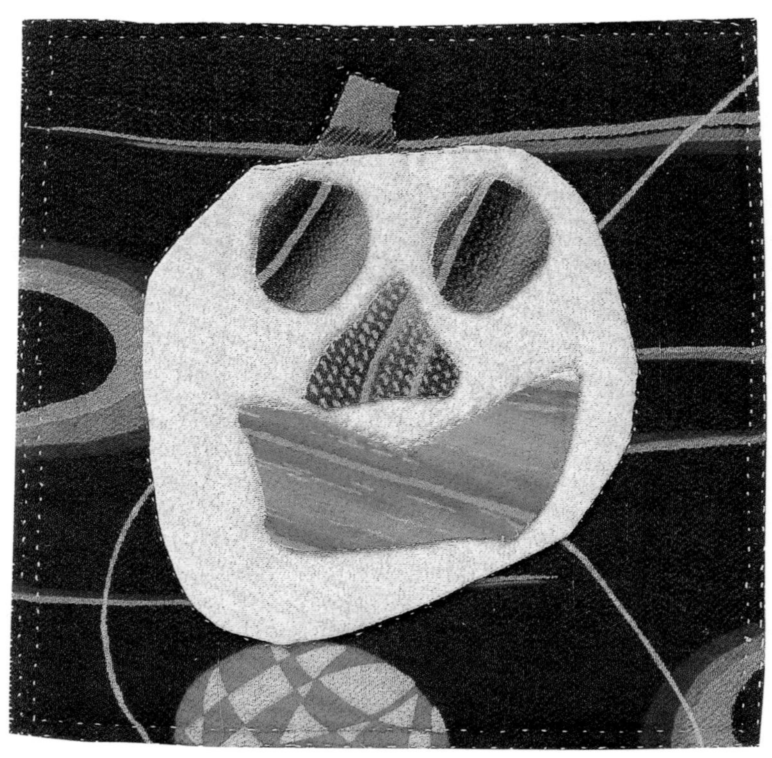

214

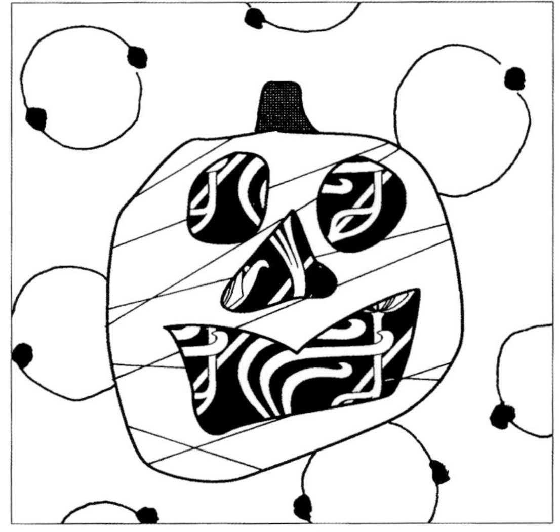

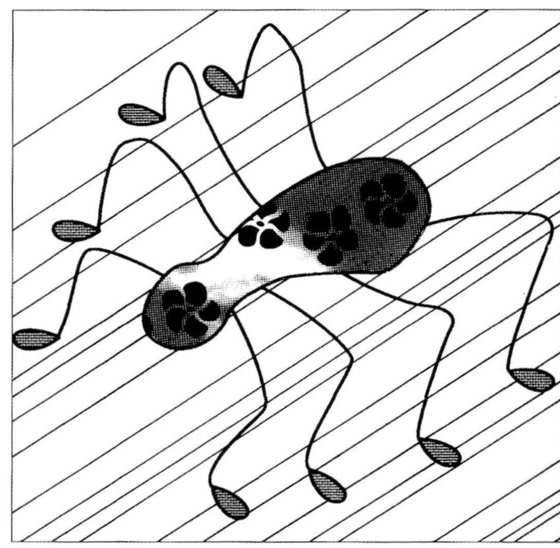

215

216

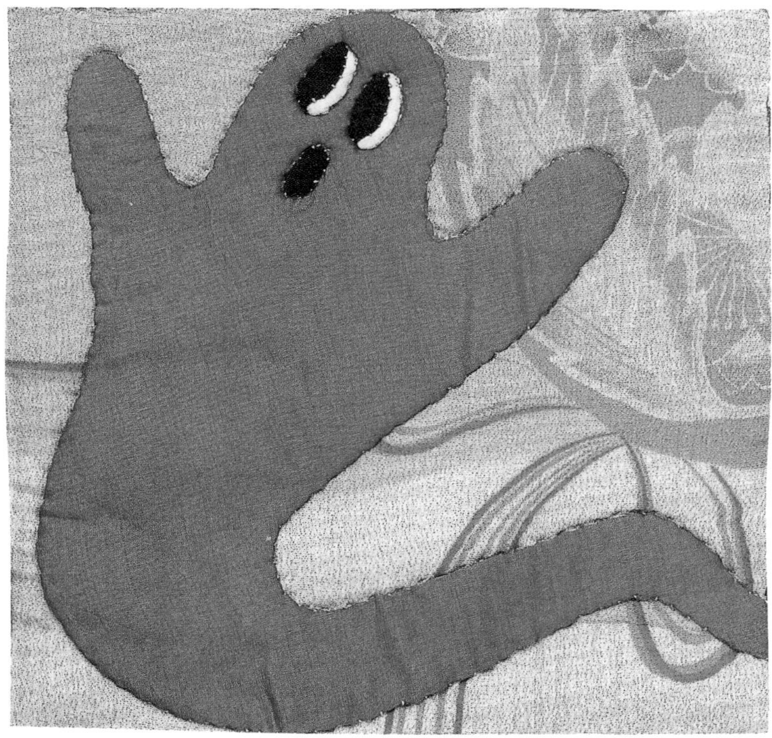

217

218

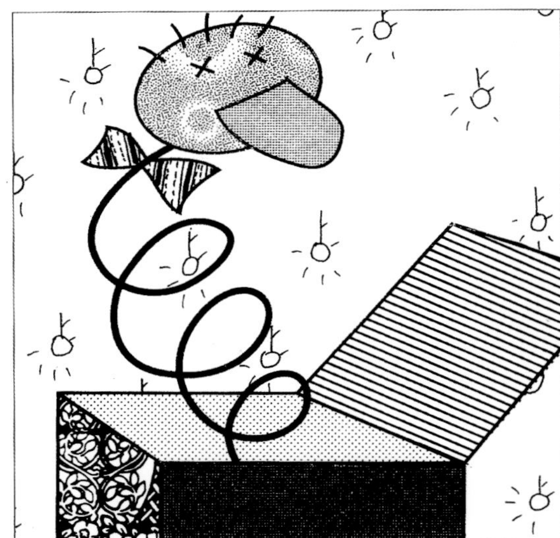

219

220

圣诞节
万圣节

221

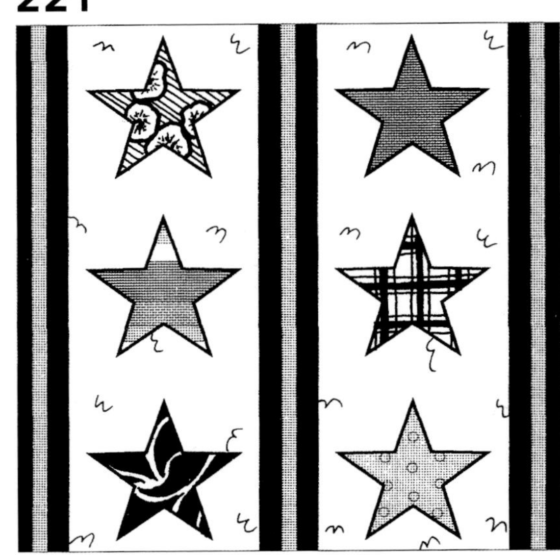

222

223

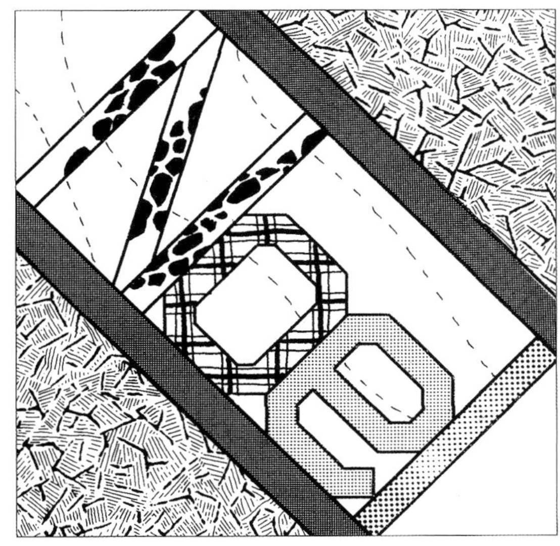

224

225、226

227

228

229

230

231

232

233

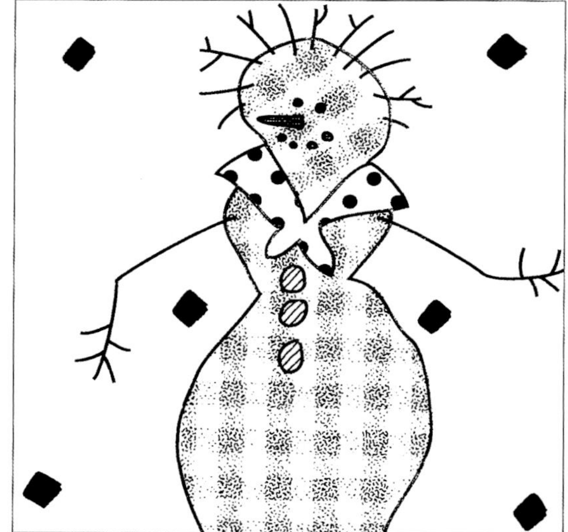

234

房子

235

236

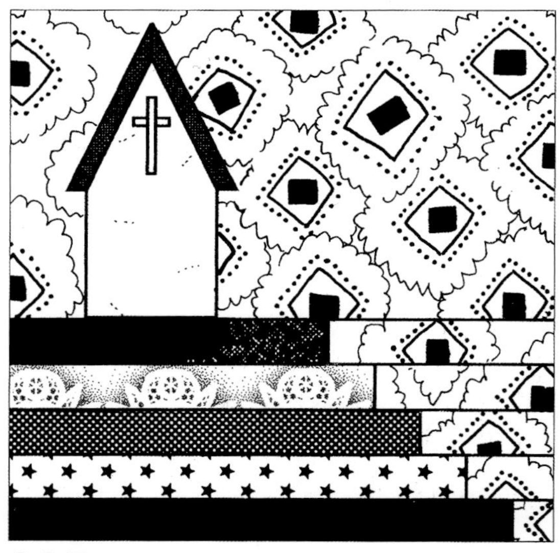

237

238

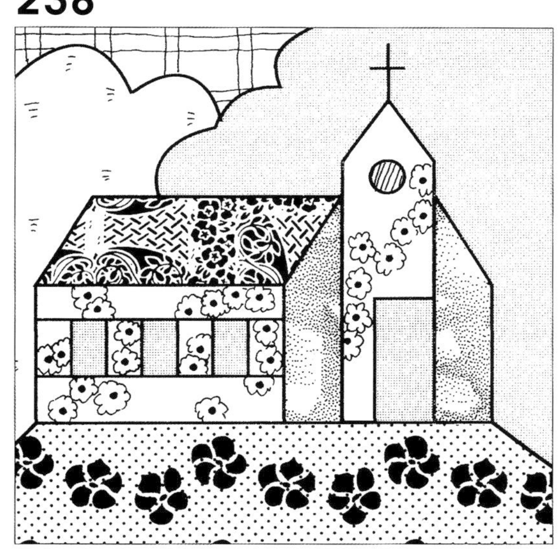

239

房子

240

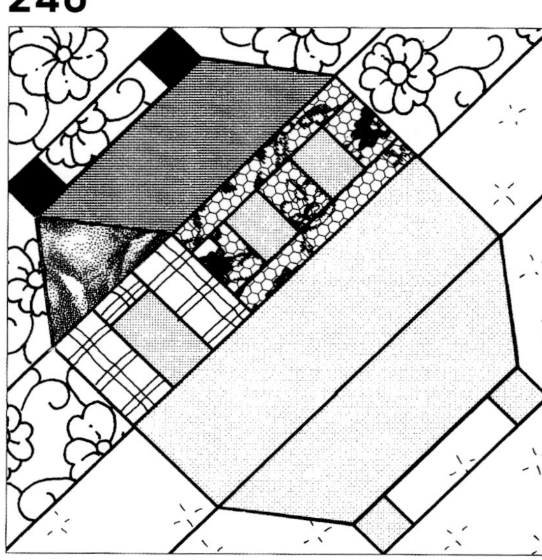

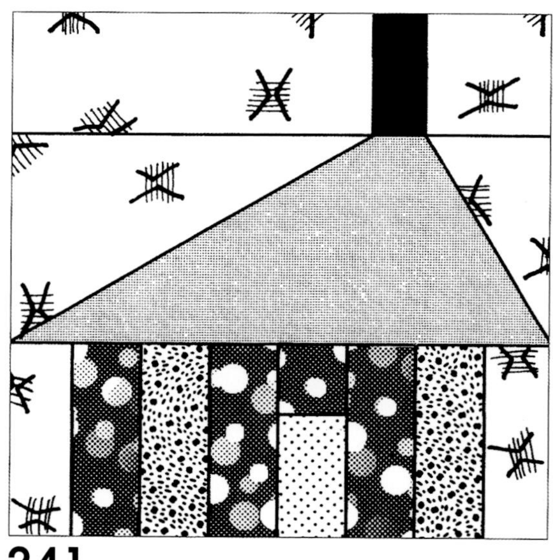

241

242

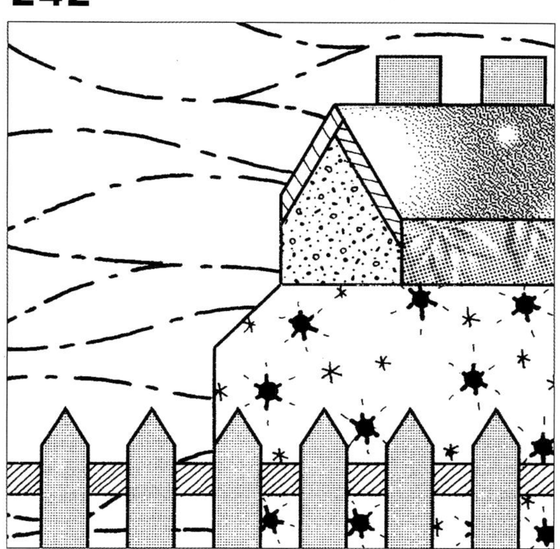

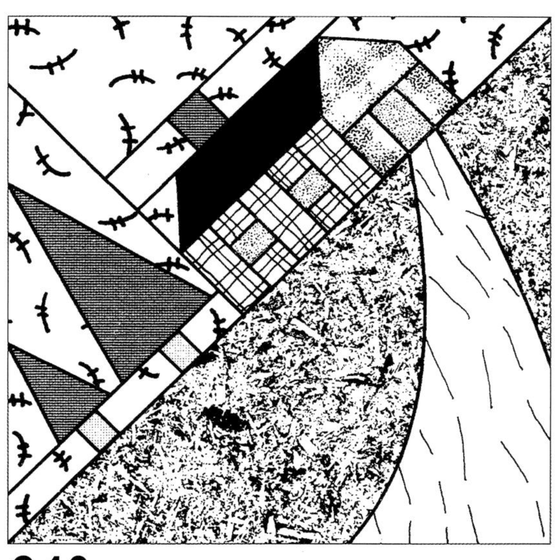

243

244

245

246

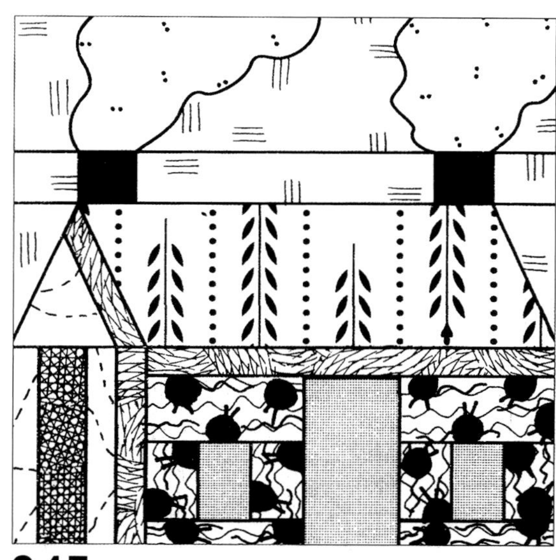

247

房子

248

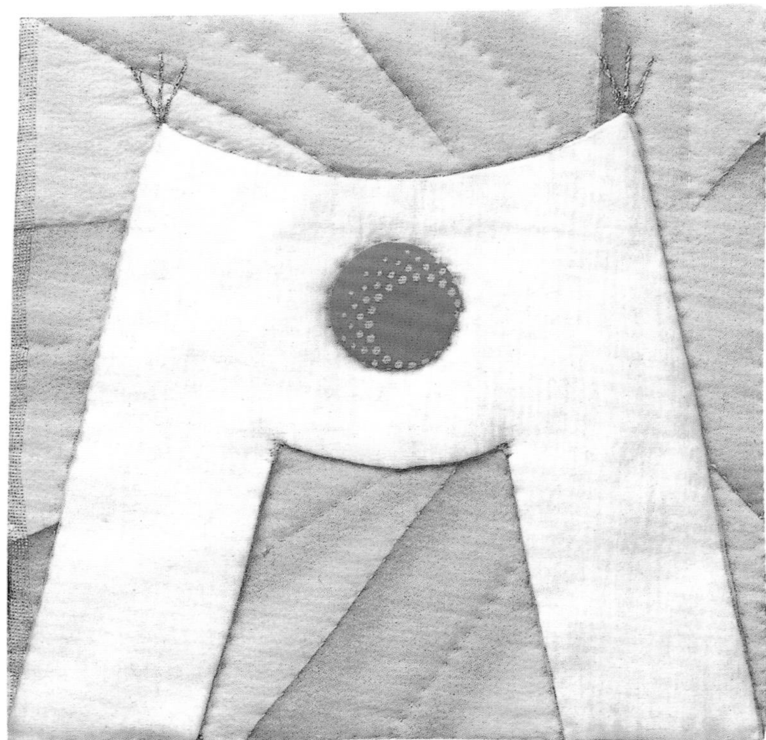

249

250

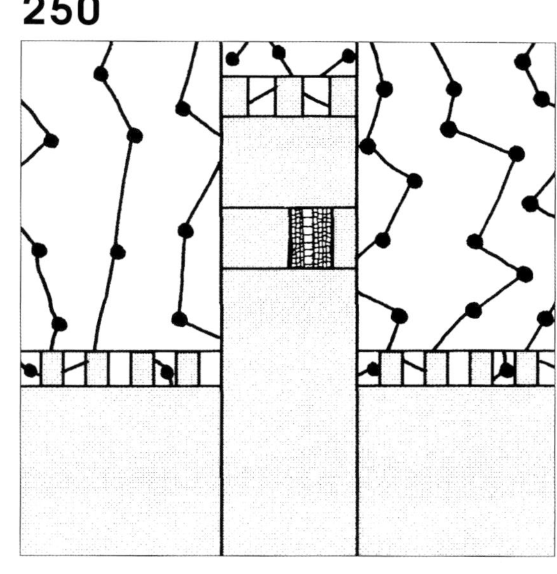

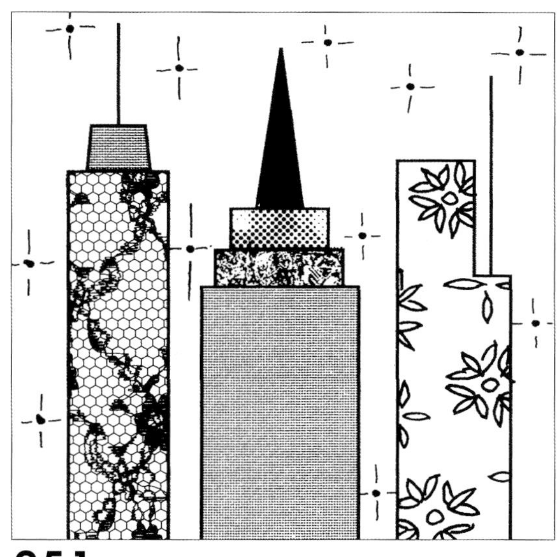

251

房子

花篮

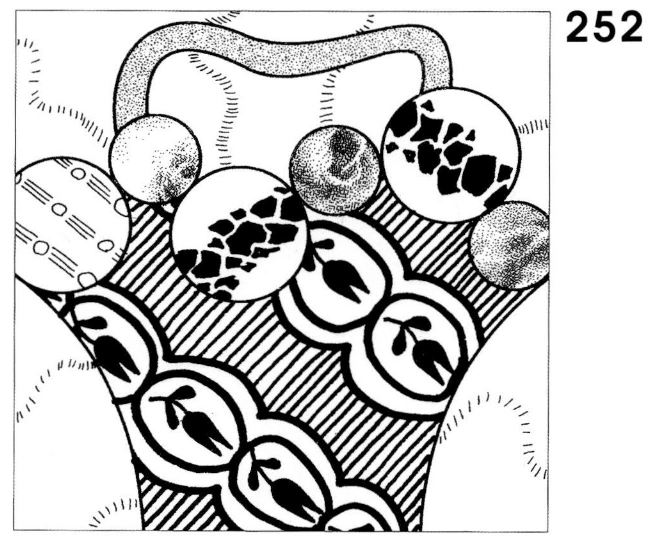

252

253

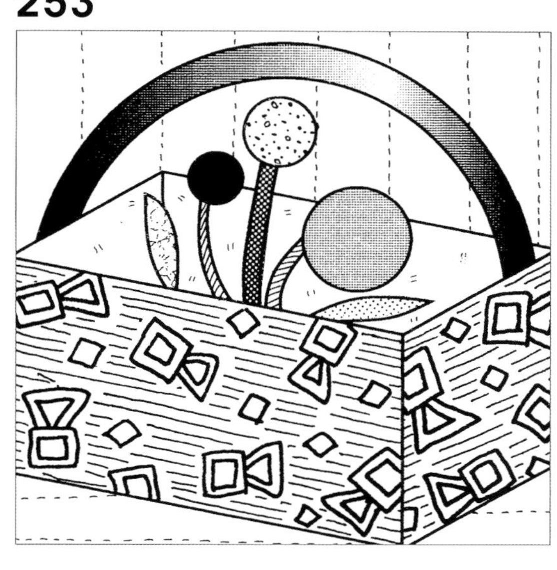

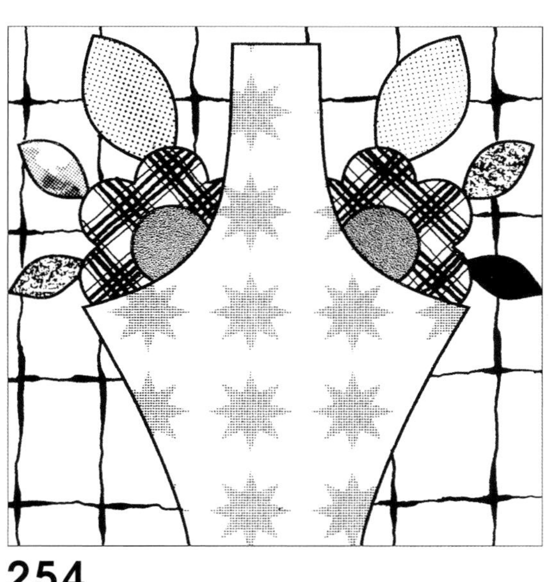

254

花篮

255

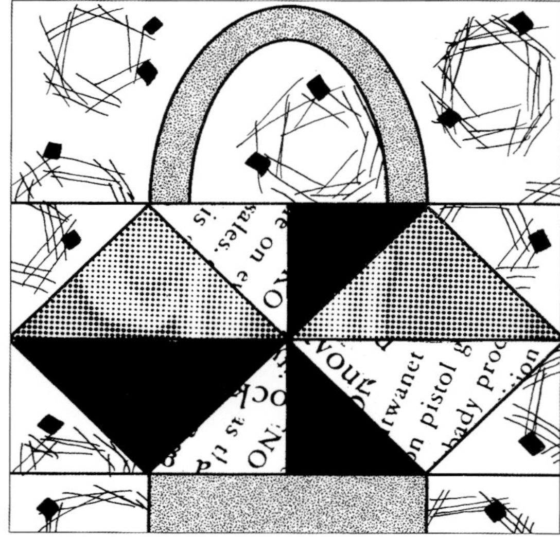

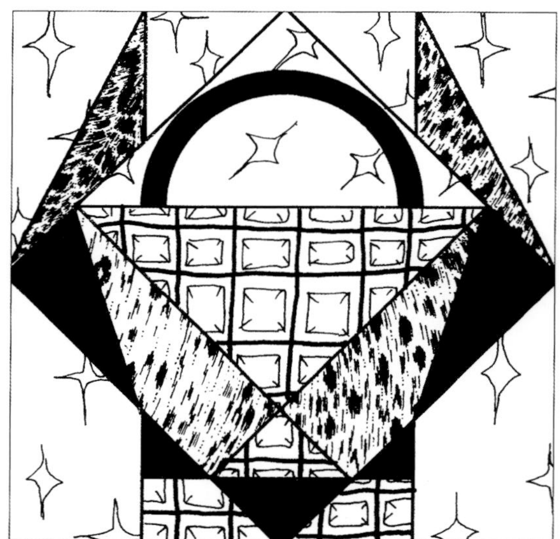

256

257

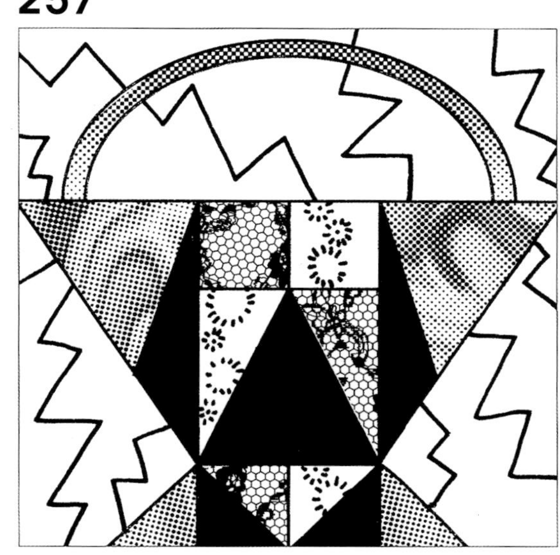

258

花篮

259

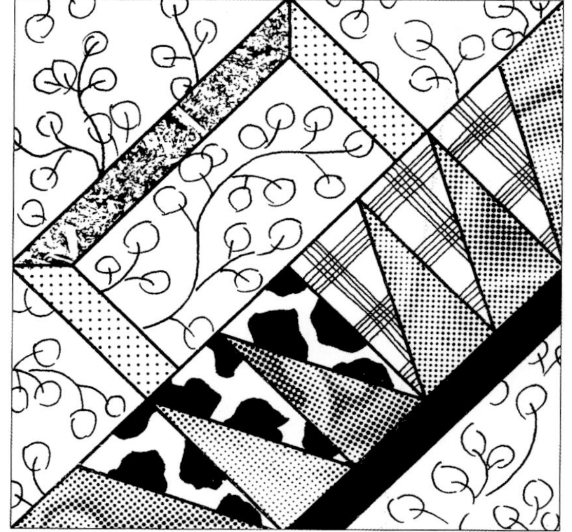

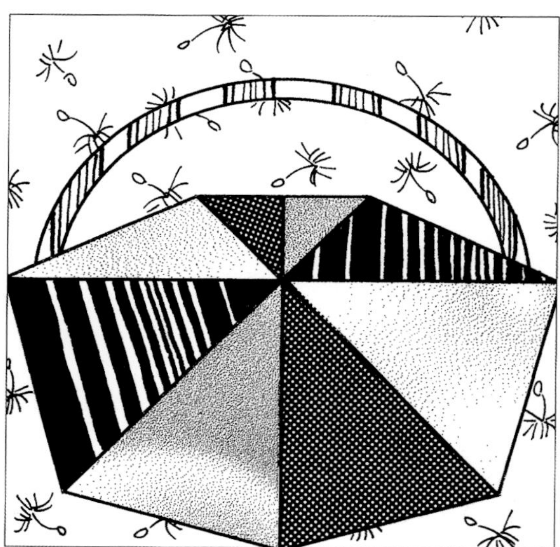

260

261

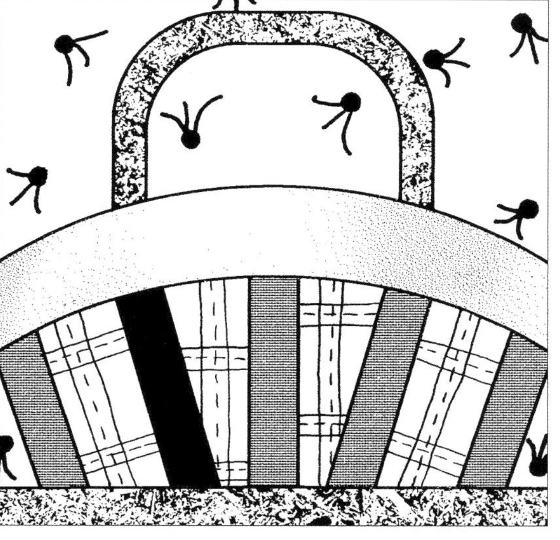

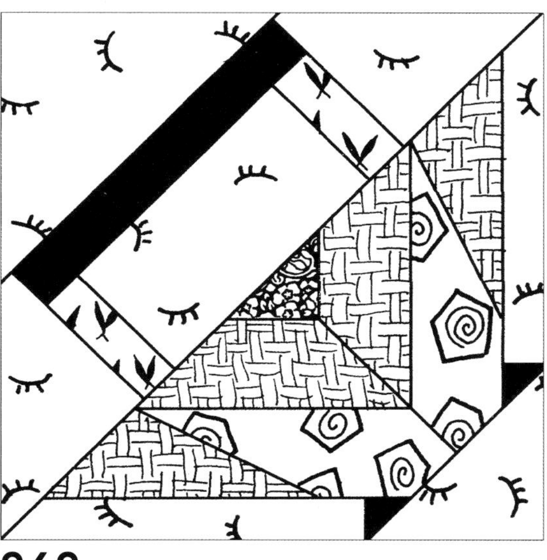

262

花篮

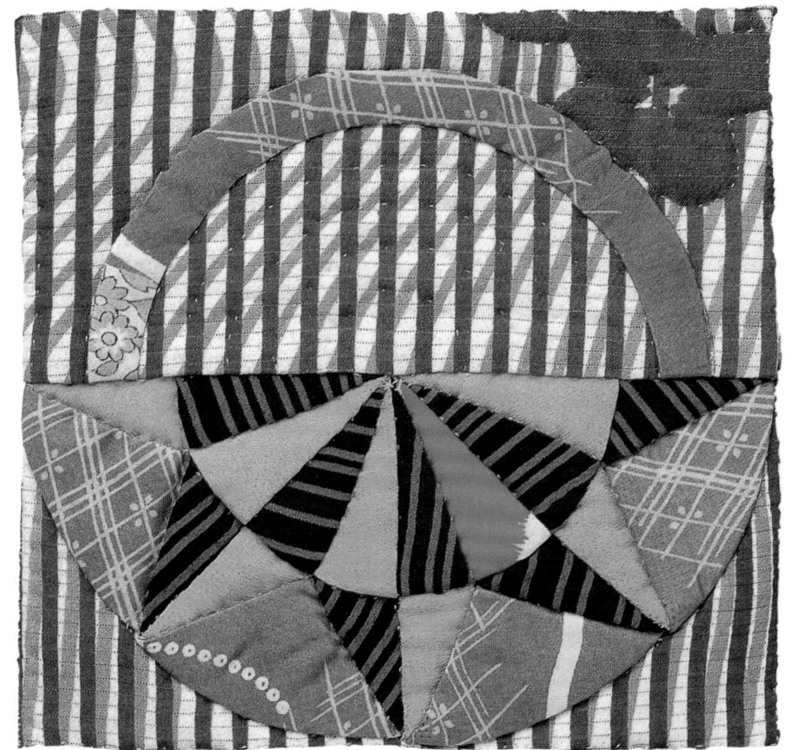

263

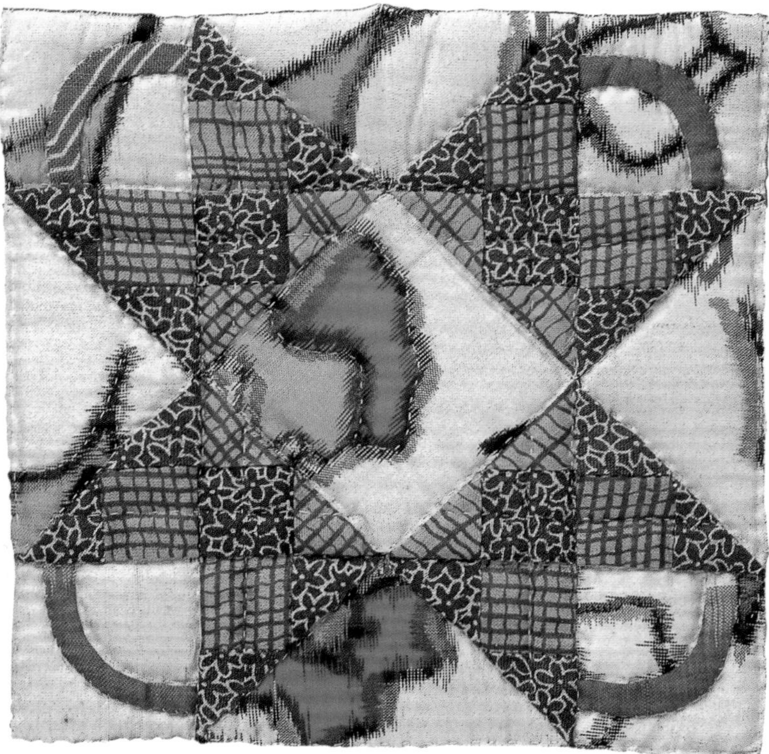

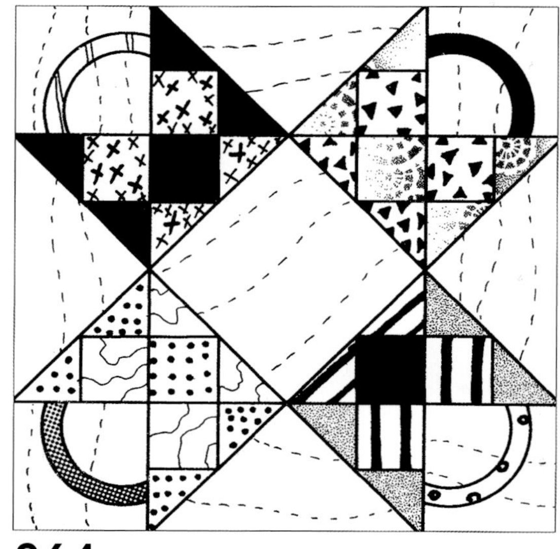

264

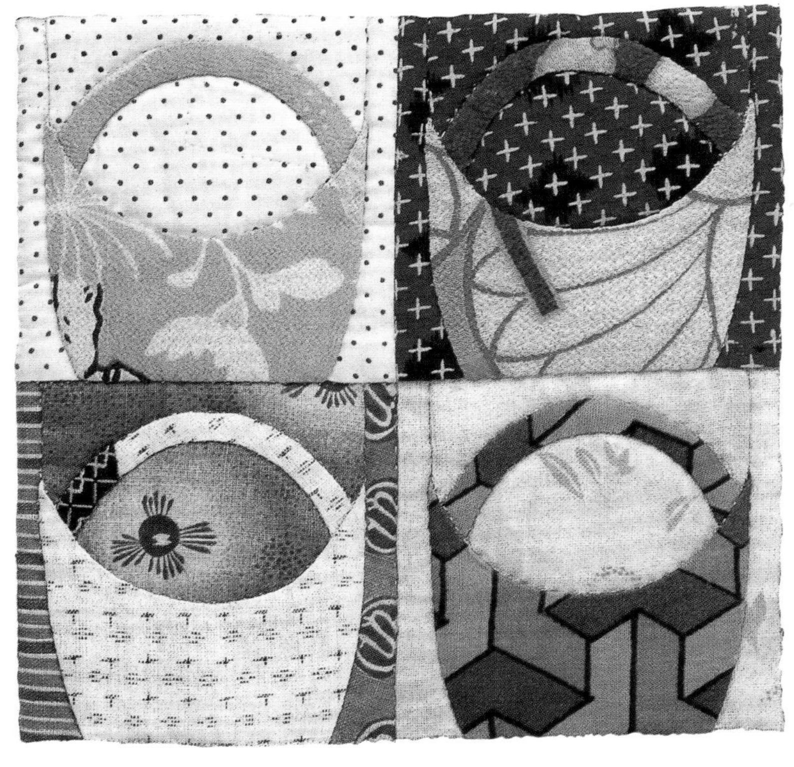

265

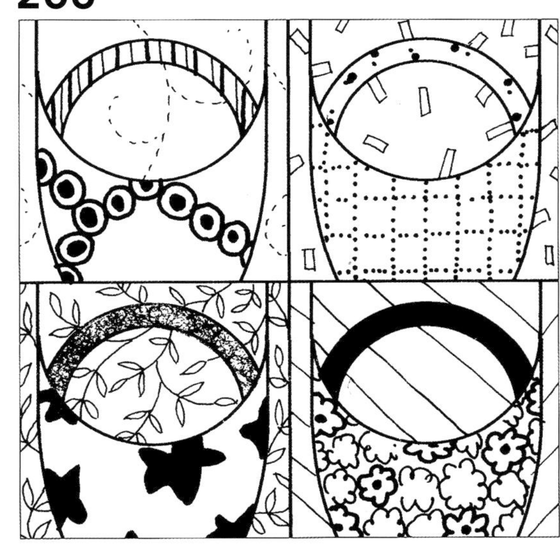

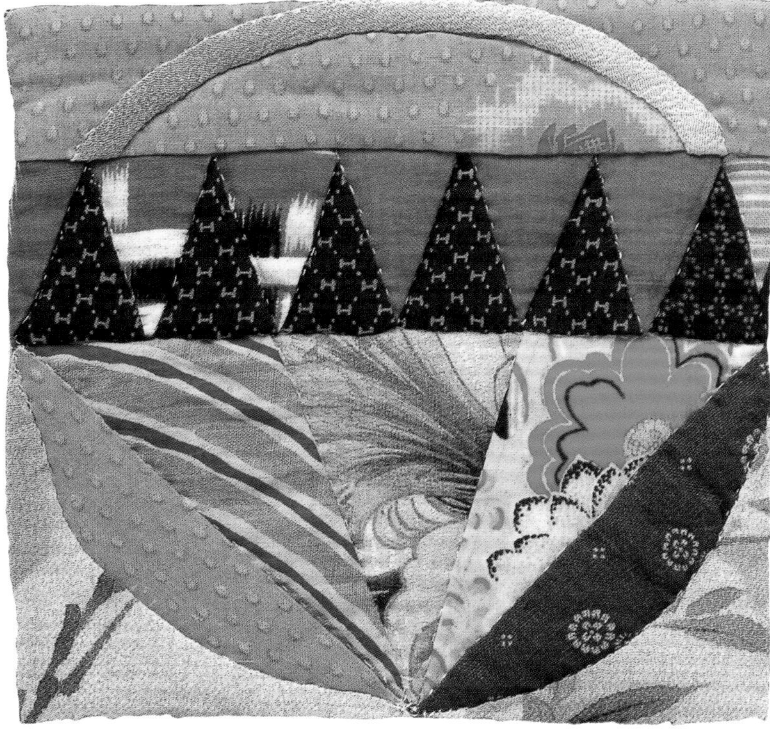

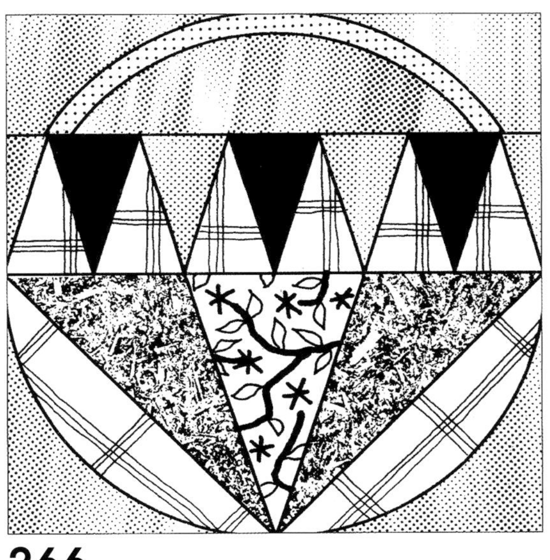

266

花篮

267

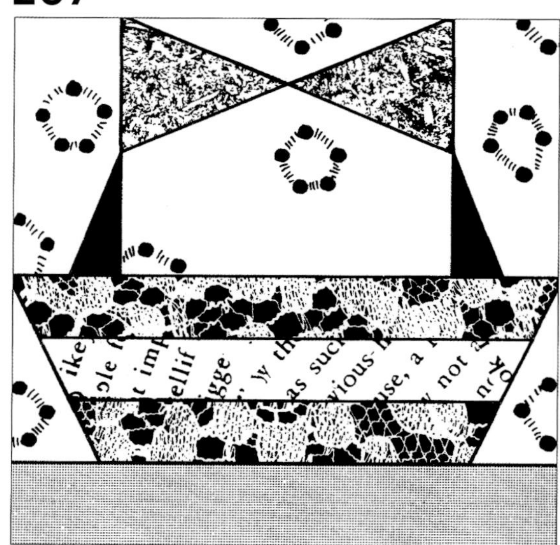

268

茶壶

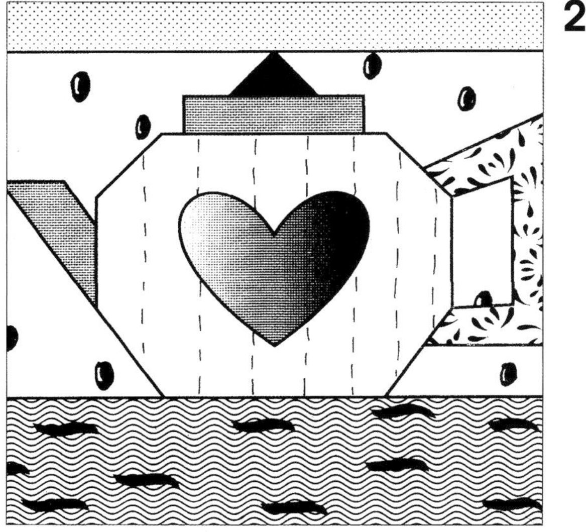

269

270

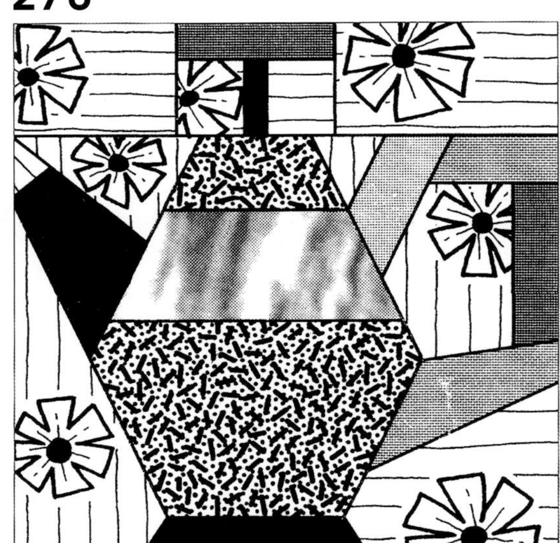

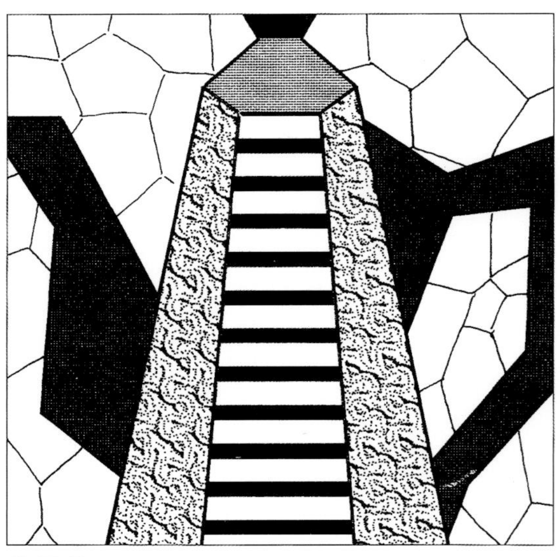

271

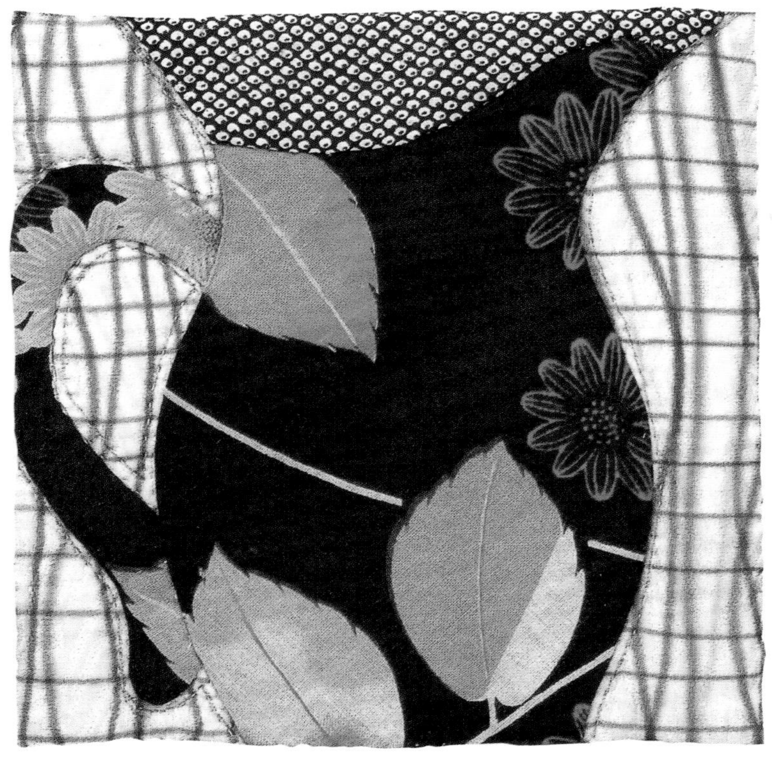

272

273

274

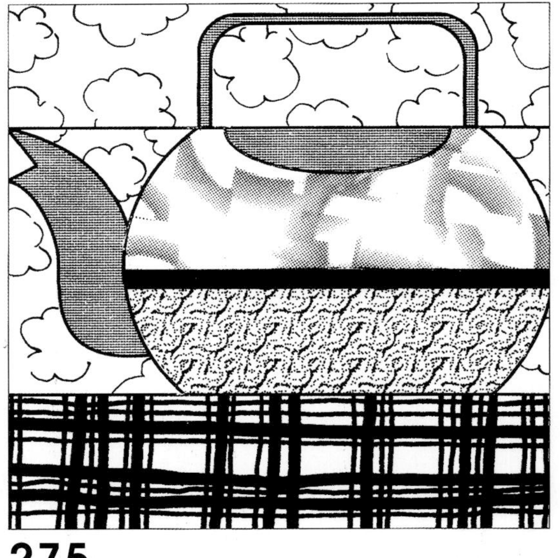

275

276

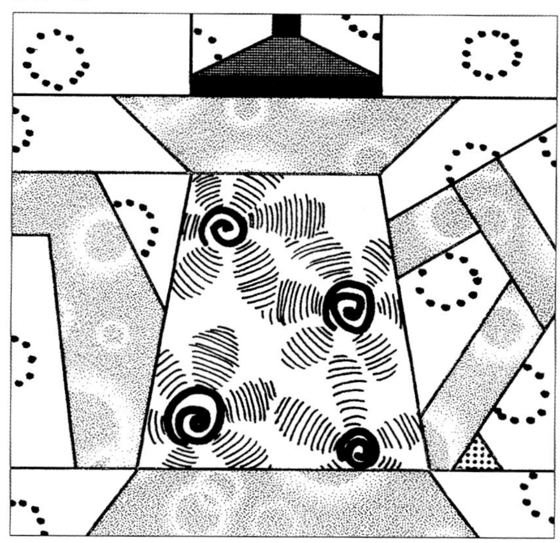

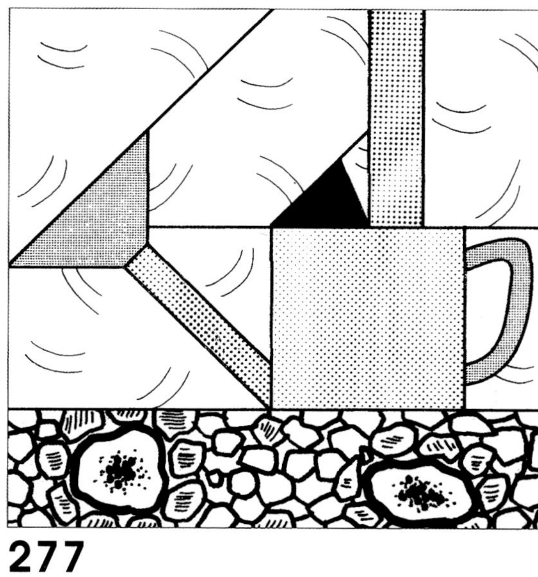

277

茶壶

其他

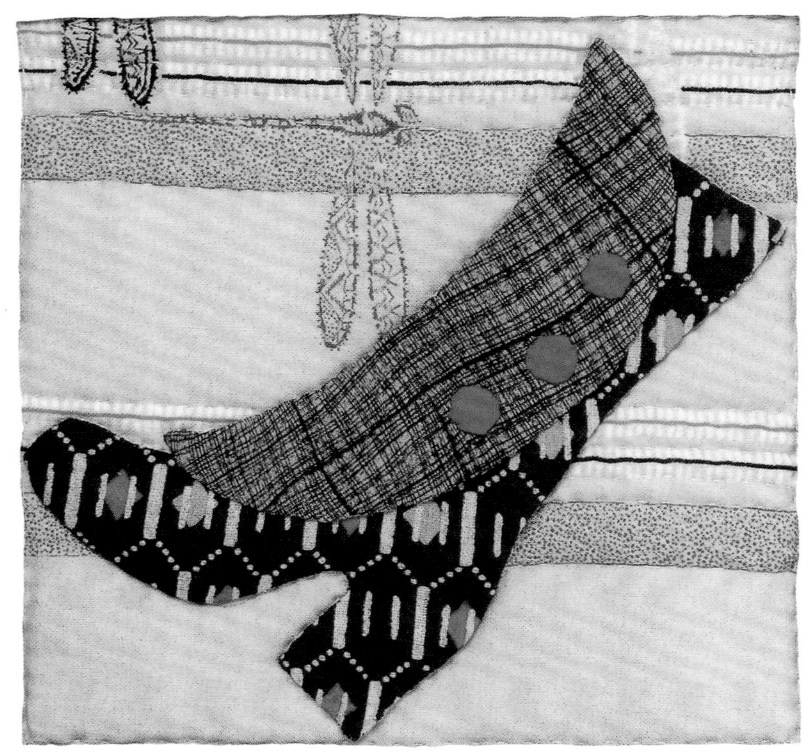

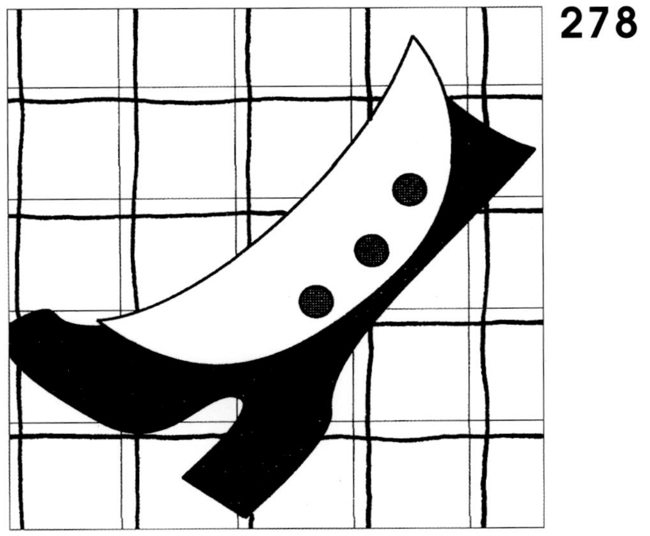

278

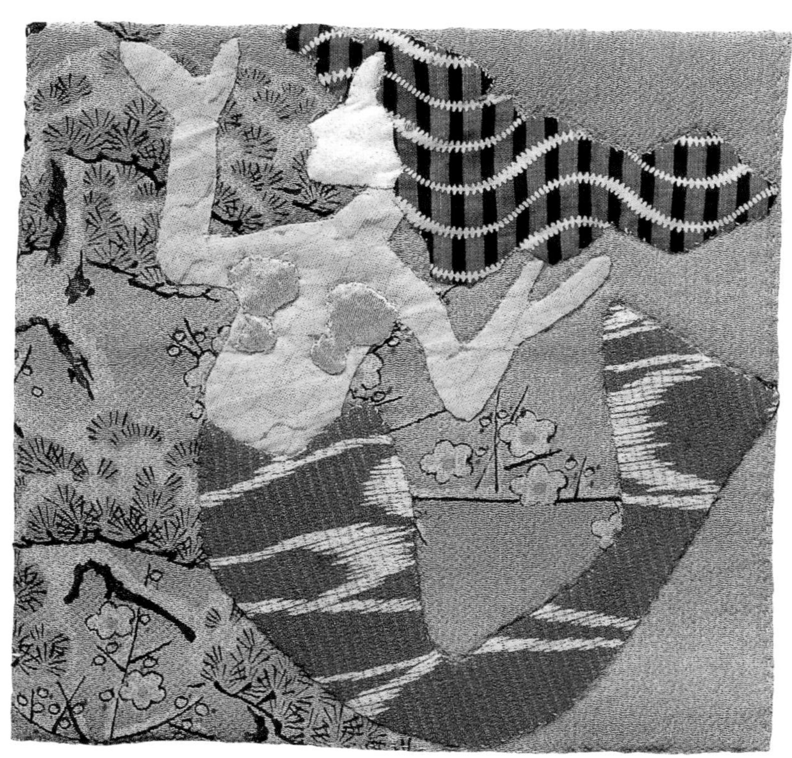

279

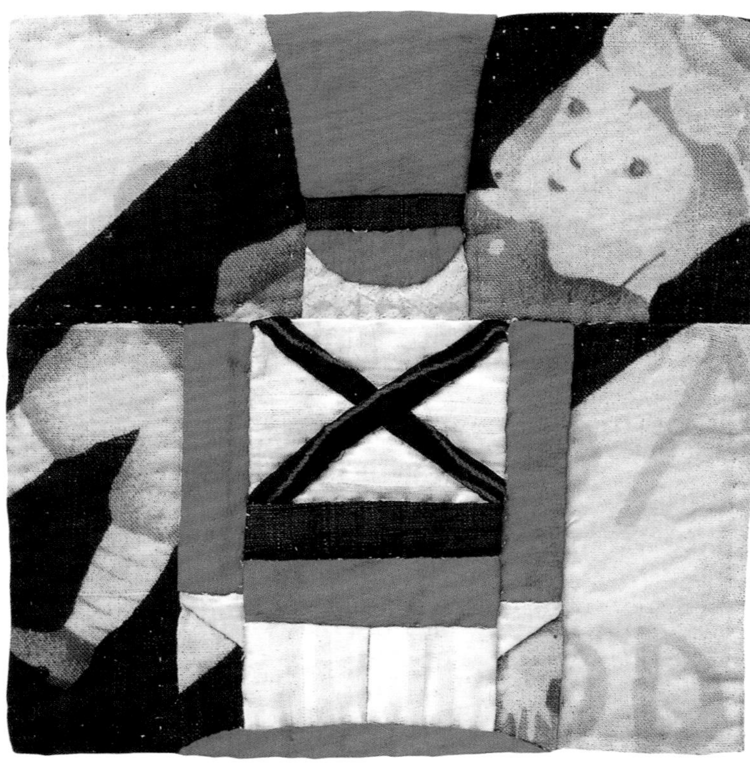

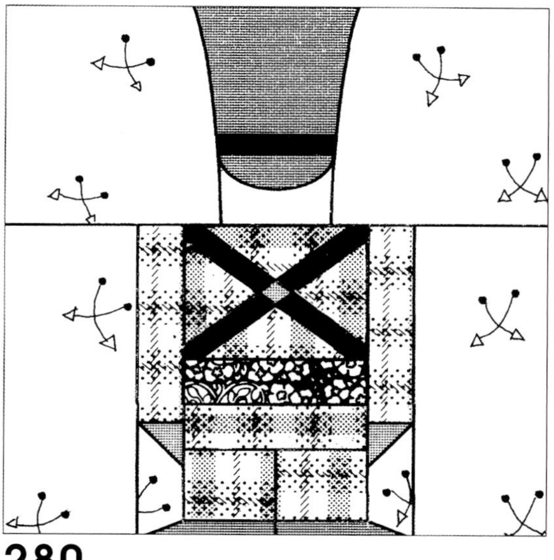

280

其他

281

282

283

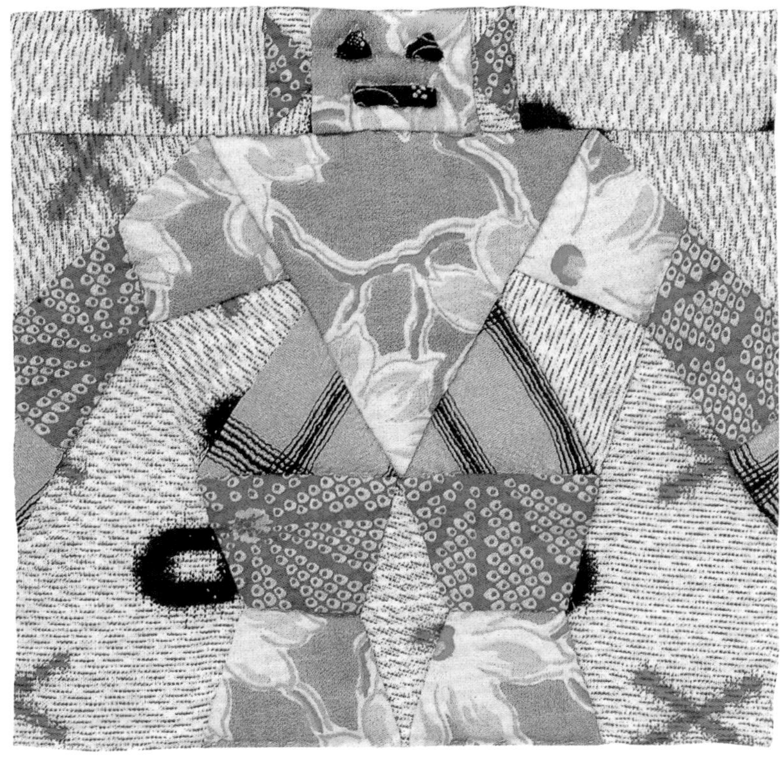

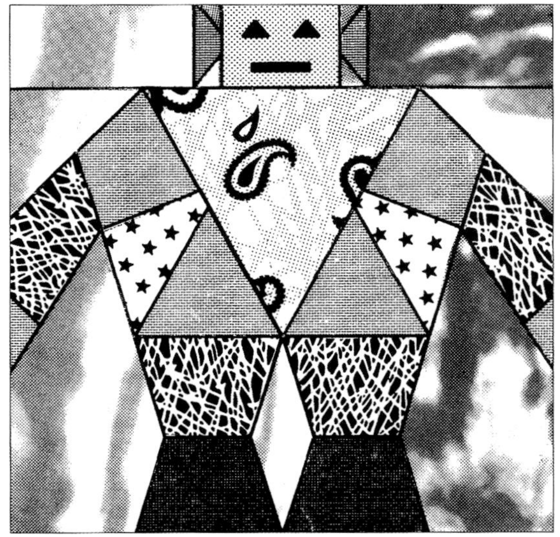

284

其他

285

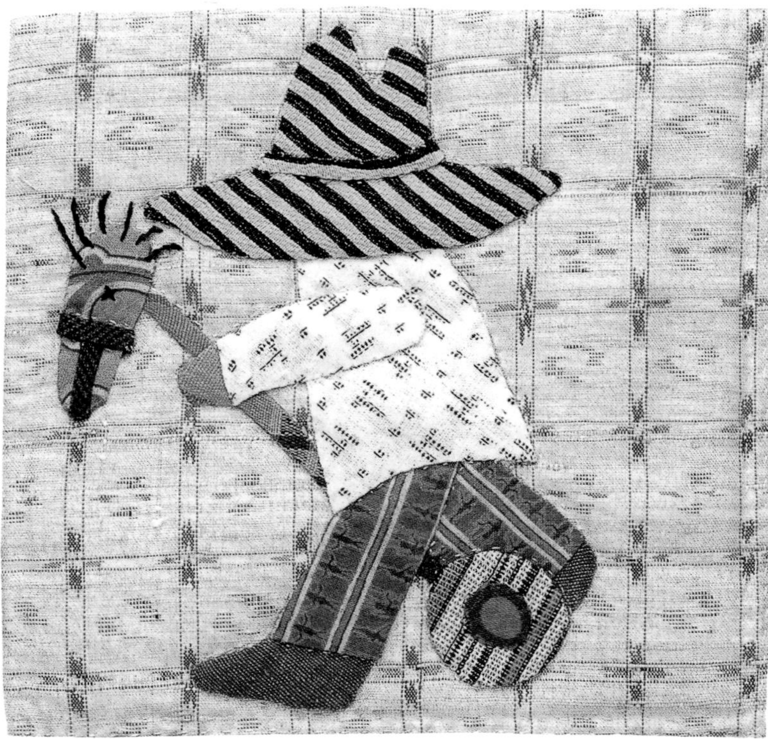

286

287

288

其他

289

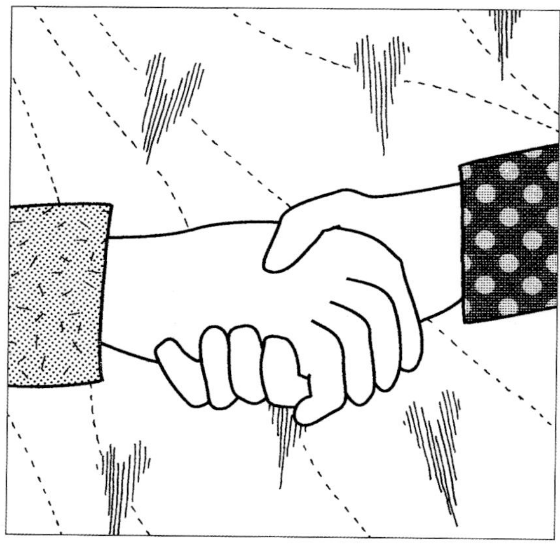

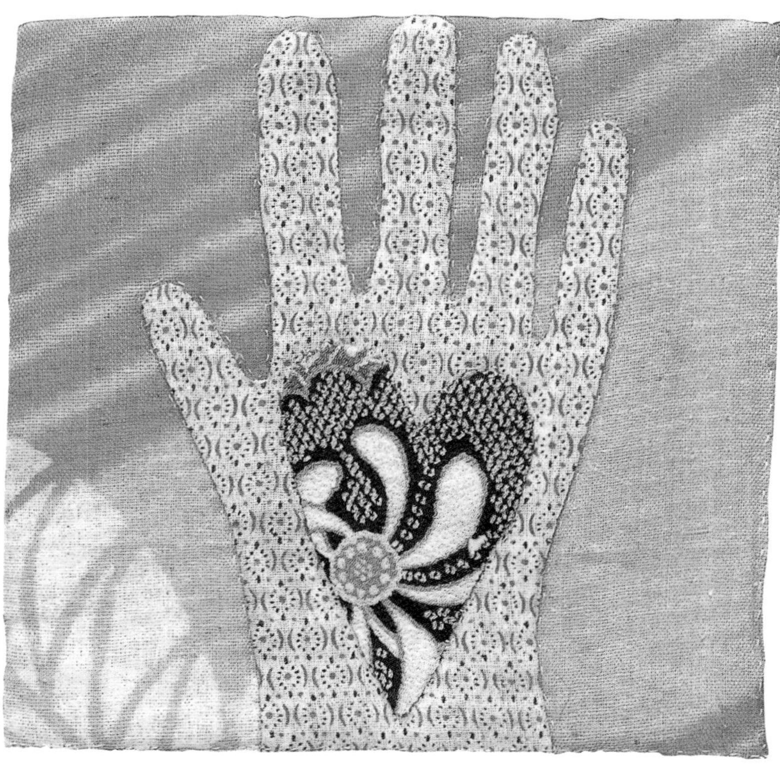

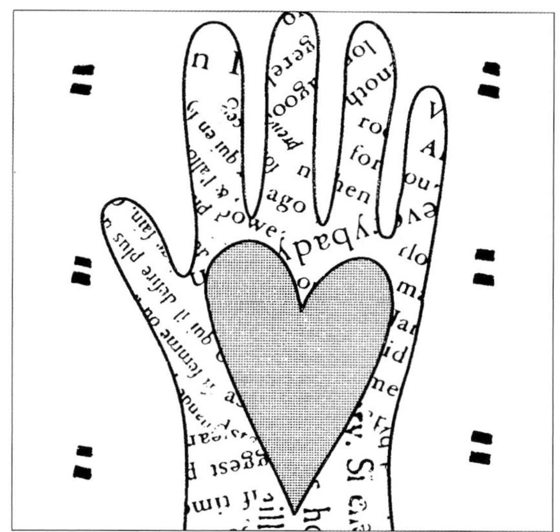

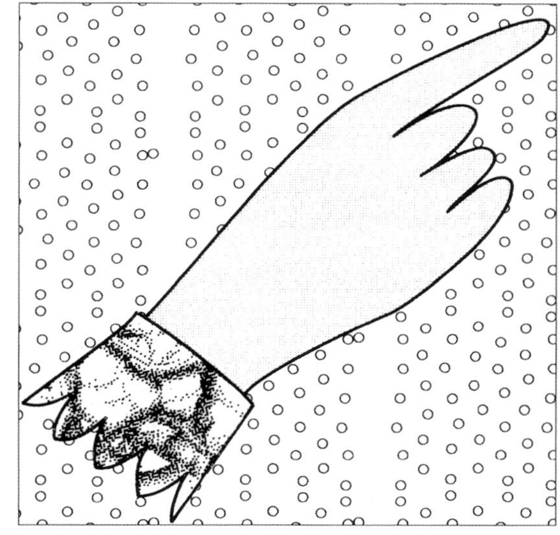

291

其他

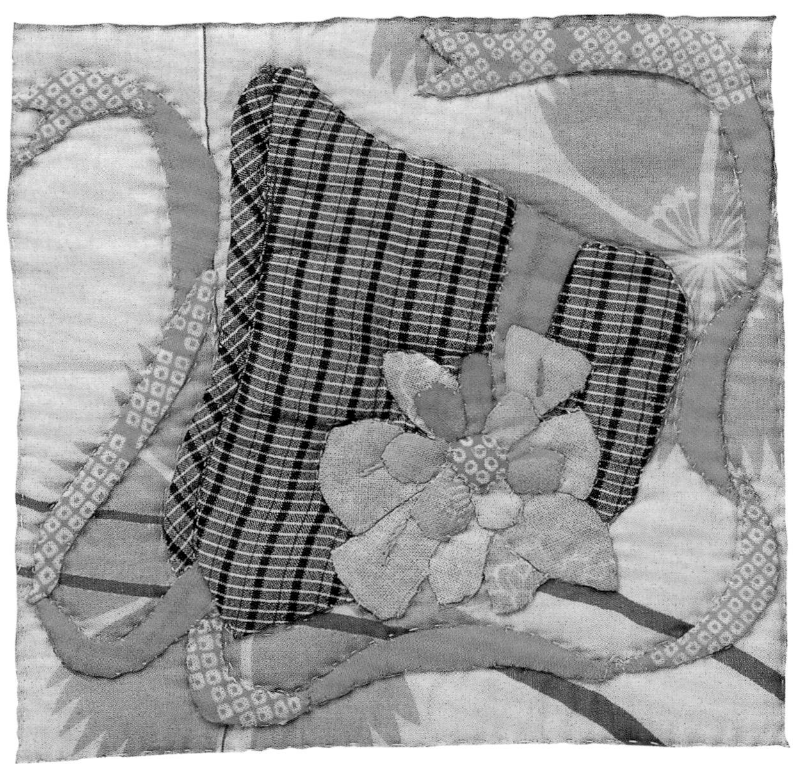

292

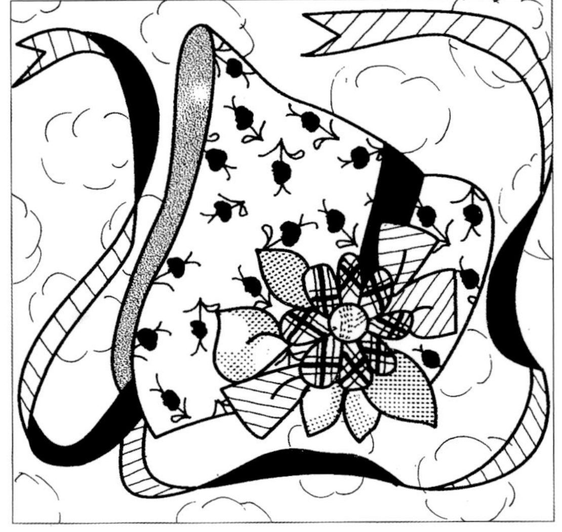

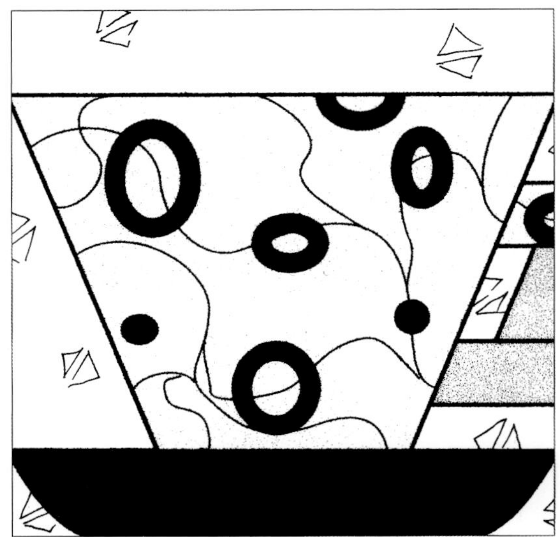

293

294

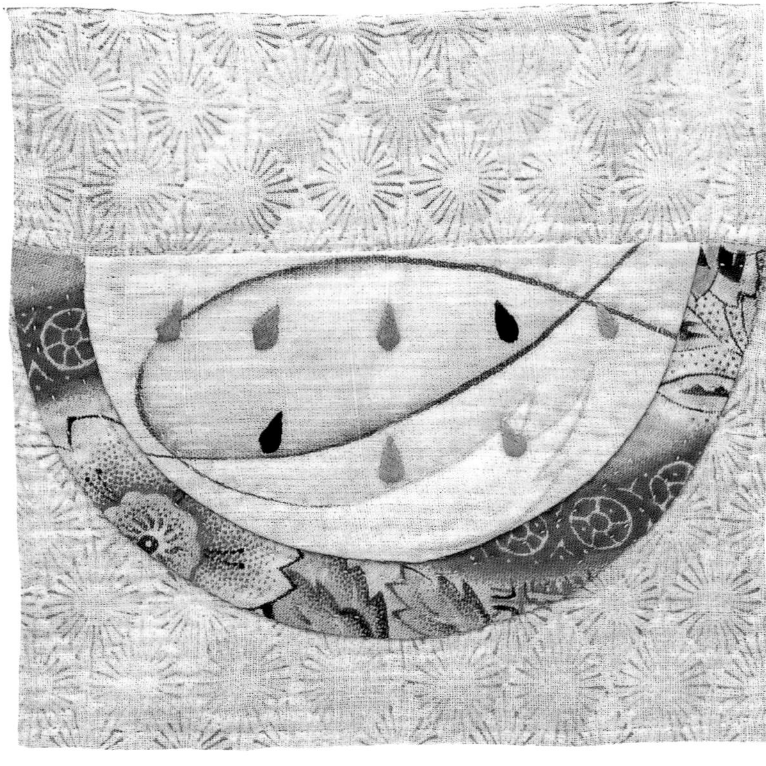

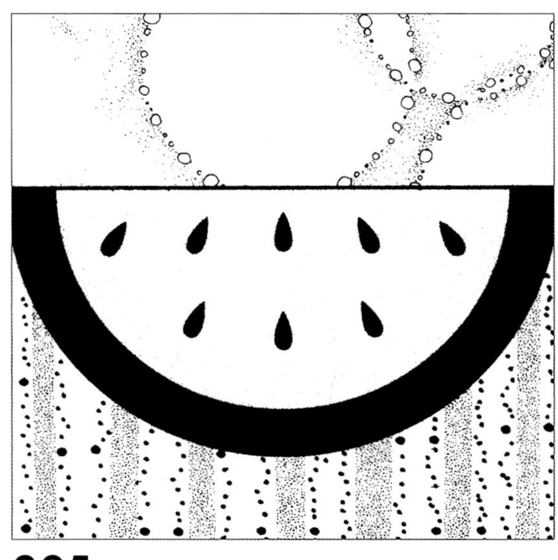

295

296

297

298、299

其他

300

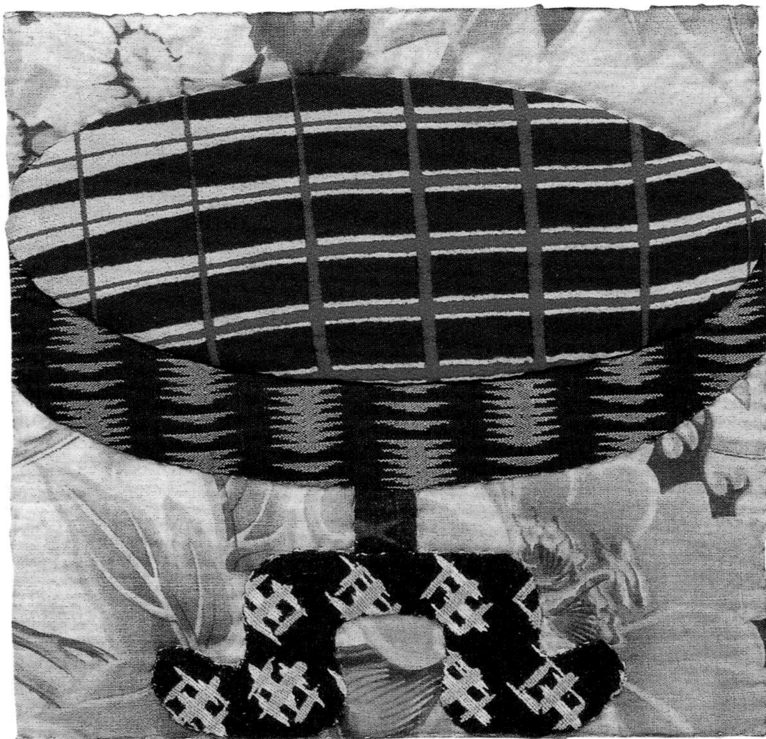

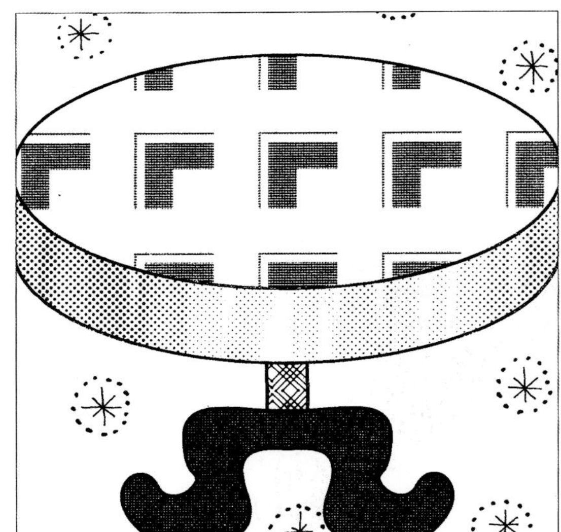

301

302

303

其他

Photographer: SATOMI OCHIAI
Original Japaness edition published in Japan by NIHON VOGUE CO., LTD.,
Simplified Chinese translation rights arranged with BEIJING BAOKU INTERNATIONAL CULTURAL DEVELOPMENT Co., Ltd.

著作合同登记号：图字16－2011－160

图书在版编目 (CIP) 数据

野原雅克的拼布图谱 300／（日）野原雅克著；王先进译．—郑州：河南科学技术出版社，2012.6

ISBN 978-7-5349-5624-9

Ⅰ．①野… Ⅱ．①野… ②王… Ⅲ．①布料－手工艺品－图谱 Ⅳ．①TS973.5-64

中国版本图书馆 CIP 数据核字（2012）第 086608 号

出版发行：河南科学技术出版社
地址：郑州市经五路66号　邮编：450002
电话：（0371）65737028　65788613
网址：www. hnstp. cn
策划编辑：刘　欣
责任编辑：刘　欣
责任校对：刘　瑞
封面设计：张　伟
责任印制：张艳芳
印　　刷：北京盛通印刷股份有限公司
经　　销：全国新华书店
幅面尺寸：210 mm×260 mm　印张：10　字数：120 千字
版　　次：2012年6月第1版　2012年6月第1次印刷
定　　价：59.00元

如发现印、装质量问题，影响阅读，请与出版社联系调换。

野原雅克

1944年生于东京。少女时代就喜欢拼布手工，当时日本尚无“拼布”一词。西服裁剪学校毕业后，到夏威夷大学游学。后又到意大利米兰求学，师从加布里埃拉·克里斯皮伯爵夫人，学习室内设计。回国后从事编织物设计。出于个人爱好，这一时期制作的拼布作品受到杂志的关注，从此步入拼布艺术世界。1976年开设“雅克拼布学校”。1990年丈夫去世，作为野原三辉的继承人，就任日本唯一的综合性拼布专业公司pencil-points的董事长，一边创作一边经营。学习美国拼布的传统设计，在其中融入自己独特的色彩感觉，形成自己的风格，并不断进取，深得好评。作为日本拼布艺术的先驱，培养出众多杰出拼布艺术家，为拼布艺术的振兴作出了贡献。著书多部。现任日本手艺普及协会理事。

http://www.pencil-points.co.jp